且行且珍惜

唐华山　编著

中国社会出版社

序言
FOREWORD

2014年3月31日，文章发微博承认出轨并认错。接着，马伊琍也在微博写道："恋爱虽易，婚姻不易，且行且珍惜！"她以隐忍大度的态度应对这一切，获得网友们的一致称赞。

不难体会马伊琍在写出这句话时的无尽伤感。但婚姻是一张买错了也不能撕毁的彩票，否则不但会带给自己一生的伤痛，还会对自己的下一代罩上阴影。

宽容他人是一种能力，一种阻止让伤害继续扩大的能力。缺乏这种能力的人，往往需要承担因为报复而产生的风险，而这种风险却常常很难让人预料。

稍有点生活常识的人都知道，万事如意永远都只是一句美好的祝福，没有谁的一生能够风平浪静。在现实生活中，亲情、友情、爱情随时都有可能会出问题，与人交往磕磕碰碰也在所难免。完美的人生只是一种想象，不完美才是现实。生活是美好的，但也是有残缺的，总会给人留下些许遗憾。不要从完美的绝顶跌入痛苦的深渊，不要把太多的不可能强加给有限的生命。只有善于接受生活的不完美，人生才会更加美好。

当不愿看到的事情已经发生，当脆弱的心理被碾压得快要崩溃，请紧闭双眼，让自己失踪几分钟——想象自己悬空行走在一根钢丝上，狂风在耳畔呼啸而过，你心如止水，艰难前行。直至心境开明，情绪稳定，再睁开双眼，继续自己的人生旅程。

纯真总在童年时，成人的世界充满了无尽的欲望。在追逐欲望的过程中，无论是被伤还是自伤，都会给人带来一种绝望的感受，让人开始怀疑生命，怀疑一切。很多时候，我们终要彻彻底底地绝望一次，才能在心灵上获得重生。

我非常欣赏作家李娟说过的一句话："痛苦这东西，天生应该用来藏在心底，悲伤天生是要被努力节制的。受到的伤害和欺骗总得去原谅，满不在乎的人不是无情的人。最安静与最孤独的成长，也是能使人踏实、自信、强大、善良的，大不了，吐吐舌头而已。"

岁月在无情地流逝，我们不能回到过去，只能珍惜现在。梦想与现实是一对阴差阳错的情侣，它们南辕北辙，遥不可及，我们能把握的只有今天而已。

请从今天开始，从现在开始，珍惜自己的亲情、爱情、友情，珍惜自己已经拥有的一切，用一颗宽容之心，经营自己的未来。

本书从人的心灵出发，告诉人们唯有懂得珍惜，学会宽容、善待他人，遇事不抱怨、不生气、不计较，才能积极面对一切挫折，快速有效地治愈心灵创伤，从而逆境奋起，用阳光心态拥抱幸福生活。

在本书的策划与编写过程中，得到了郑月玲、郭东华、邱草、唐秀娟、胡芹、王沛同、唐洪飞、崔侠、郑海龙、崔艳、赵震凤、李彩莉、毕锋、郑海涛、郑茂章、王克友、王晓蕾、单文元、韩雪姣、王彦彦、谢俊超、闫龙、冉现荣、王郁松等人的大力帮助，没有他们的支持与参与，本书是很难面世的，在此向他们表示感谢。

目录

CONTENTS

第三章|善待他人，就是善待自己

第四章|与其抱怨，不如改变

第五章|生气不如争气，翻脸不如翻身

第六章|太过计较，就是和自己过不去

第七章|感谢那些折磨你的人

第八章|人生何处无挫折，别把逆境当绝境

第一章

过好每一天，且行且珍惜

学会珍惜当下的幸福

很久以前，一位富人和一位穷人谈论什么是幸福。

穷人说："幸福就是现在。"

富人望着穷人的茅舍、破旧的衣着，轻蔑地说："这怎么能叫幸福呢？我的幸福可是百间豪宅、千名奴仆啊！"

一天，一场大火把富人的百间豪宅烧得片瓦不留，奴仆们各奔东西。一夜之间，富人沦为乞丐。

炎热的夏天，汗流浃背的乞丐路过穷人的茅舍，想讨口水喝。穷人端来一大碗清凉的水，问他："你现在认为什么是幸福？"

乞丐沉默了半晌，说："幸福就是此时你手中的这碗水。"

人的一生有多少天，不同的人会给出不同的答案，但仔细想想，其实人的一生只有三天：昨天、今天和明天。把握好这三天，就把握住了一生。

时光一去不复返，这个道理很多人都懂，但偏偏有那么一部分人，或者为了曾经的荣耀，或者为了失去的感情，或者为了错失的机会，无休无止、反反复复地追忆，一次次激动，一次次悔恨，把时间浪费在这种无谓的哀怨和叹息中。这是生活在昨天的人。

但是一切事物都是在变化发展之中的。昨天贫困潦倒的人，将来可能会变成富翁；昨天的亿万富翁将来可能会一贫如洗；昨天的顽劣少年，将来可能会变成博士；昨天的打工仔，将来可能会变成企业家。世界上没有永远的胜利，也没有永远的失败，因此，我们大可不必沉迷于昨天而萎靡不振，也不必为昨天的胜利而骄傲得意。抛开昨天，才能迎接更好的明天。

明天的日子会怎样？谁也说不清楚。明天是成功，或是落魄，同样没人能说清楚。也有一部分人，沉溺于对未来的美好幻想中，把未来想得风调雨顺，不管未来的生活多么遥远，多么不切实际，都仿佛指日可待。当未来真正到来的时候，才发现一切并没有那么美好。这是生活在明天的人。

沉湎于过去，陶醉于未来，都不是生活的明智态度。昨天已经过去，明天还没到来，我们能紧紧握住的只有今天。我们要把昨天的一切都统统关在门外，也不去想明天的日子，利用今天做好新跨越的准备，斗志昂扬地去挑战明天，才能为人生画上一个圆满的句号。

所有值得怀念的或是不值得怀念的日子，都会像流水一样一天天远去。尽管不像白开水一样平平淡淡，却也从未有过轰轰烈烈。但是，总有一些意料之外的事，在一次次干扰着我们。爱人的背叛，朋友的无义，工作的烦恼，考试的失利，父母的责备……于是，很多的“现在”从我们身边悄悄溜走，成为无可挽回的“过去”。我们之所以还这么平庸、碌碌无为，我们之所以还这么郁闷甚至困苦，根本原因在于我们没有很好地把握“现在”。

一位哲学家在经过一片荒漠时，看见了一座古代城池的废墟。城池已经被岁月侵蚀得面目全非了，不过细看，却依然可以辨认出当年辉煌时的风采。哲学家想在此处休息一下，便随手搬来一个石雕坐在了上面。

他点燃一支烟，看着湮没在历史尘埃中的城池，想象着它曾经辉煌的过往，不由得一声叹息。

突然，他听见耳边响起一个声音：“先生，你在感慨什么呀？”

他四处张望了一下，却并没有看到人，不禁倍感疑惑。这时，那个声音又响了起来，原来发出声音的是他坐着的那个石雕，这是一尊“双面神”的雕像。

他从未见过双面神，因而就很好奇地问：“你怎么会有两副面孔呢?”

双面神答道：“正是因为拥有两副面孔，我才能够一面审视过去，吸取过去的教训；另一面展望将来，去憧憬无限美好的明天。”

哲学家说：“可是过去的只能是现在的逝去，像流水般一去而不复返，根本无法留住；而未来又是现在的延续，你是不可能在现在拥有它的。所以你若是不珍惜现在，忽略了现在，即便你再能对过去了如指掌，对将来洞察万分，也不会给你带来什么具体的实在好处啊！”

听完哲学家的这番话，双面神突然奇怪地痛哭了起来，他一边哭一边说：“先生啊，听了你的话，我才知道自己今天落得如此下场的原因。”

哲学家问：“原因是什么?”

双面神无限惆怅地说：“很久很久以前，我受命把守这座城堡，我觉得自己一面可以看到过去，一面又能展望将来，很是厉害。可就是由于没能好好地把握住现在，才落得城池被敌人攻陷的悲惨结局，美丽的辉煌顷刻间化作了一堆废墟。因此我被人们唾骂，被丢弃在了这断瓦残垣之中。”

从这个故事里我们得到的启示就是，过去已经过去，将来尚未来临，我们最能够把握的就是现在。倘若我们能够用心去体会，就会发现幸福其实一直都与我们同在。比如说我们每天离开家门去上班时，亲人的那一声亲切的嘱托；当我们在工作中遇到难题时，同事的一个小小的帮助……都会让我们感觉到幸福。幸福在哪里？它就在你我身边，它就在当下。

过好当下，学会珍惜与欣赏眼前已经拥有的，是人世间最幸福的事情。总有人在问：幸福在哪里？其实幸福就在我们每一个人身边，关键要看我们有没有发现它的眼光，能否珍惜它在我们身边的每一分每一秒。

屠格涅夫说："幸福没有明天，也没有昨天，它不怀想过去，也不向往未来，它只有现在。"确实，我们应当珍惜现在，因为现在是未来的过去，也是过去的未来。若是抓不牢现在，过去和未来就无从谈起。因此，我们最应当做的就是珍惜当下的幸福。

"愚者总以为幸福在遥远的彼岸，智者懂得把身旁的事物培养成幸福。"星云大师这样说。是的，我们离幸福其实很近，与其期盼那遥不可及的如镜花水月般的幸福，还不如把握好眼下的这个时刻，品味现实生活中真真切切的幸福。

快乐点儿，想想你已经拥有的一切

尘世中的人，大多都有点儿贪心，明明自己已经拥有的够多了，却总还想拥有更多的东西；可一旦拥有了，又不懂得珍惜，只能让它白白逝去，为自己平添烦恼。

泰戈尔说："如果你为失去太阳而哭泣，那么你也将失去群星。"聪明的人会为自己已经拥有的感到开心，而不会为自己没有的感到悲伤。当一切都已逝去时，悲伤、忧愁又有什么用呢？不如想想我们已经拥有的一切，快乐、健康、亲情，难道这些还不能让我们感到满足吗？难道我们还觉得自己拥有的太少吗？

1928 年，纽约股市遭遇了前所未有的大崩盘，美国一家大公司的老板心事重重地回到了家里。

妻子笑容可掬地问他："亲爱的，你怎么了？"

他答道："完了！完了！我的公司破产了，家里的全部财产明天就要被法院查封了。"说完，他竟然像孩子般伤心地哭了起来。

这时，妻子柔声问道："难道你的身体也被查封了吗？"

他不解地抬起头望了妻子一眼，答道："没有啊！"

"那么，难道我这个做妻子的也被查封了吗？"

他拭去了眼角的泪，无助地望了妻子一眼，说道："没有！"

妻子继续问道：“那孩子们呢？”

“他们还小，这事跟他们无关呀！”

“既然如此，那么怎么能说家里的全部财产都要被查封呢？你还有一个支持你的妻子，几个充满希望的孩子，一个智慧的头脑，一个健康的身体和丰富的经验，这些难道都不是财富吗？至于那些失去的财产，就当是过去白忙了一场！以后还能再赚回来的，不是吗？你还拥有这么多财富，怕什么呢？”

三年后，他的公司取了巨大的发展，并再次成为美国《财富》杂志评选出的五大企业之一。如果没有他妻子的那几句话，或许他已经沉沦了，根本不可能东山再起。

当我们感到悲伤沮丧时，不妨列出一张详细的生命资产表：是否拥有一个健全和健康的身体？是否拥有一个会思考的大脑？是否拥有亲人、朋友、伴侣、孩子？是否有某个方面的知识和特长？想想自己所拥有的一切，而不是没有的或是失去的东西，我们就会发现，其实自己已经够幸福了！

然而，我们往往很少去想自己所拥有的，而是常常想我们所没有的，或者纠结于失去的。在我们心里，已经拥有的一切都是微不足道的，那些我们还没有得到的才是重要的。于是，我们变得很不开心，心里默默地想着、盼着未得到的，完全忘记了自己已经拥有的一切是多么丰富。

直到有一天，我们蓦然回首，那些我们原本视若无睹的东西，比如健康，比如平安，比如自由，比如青春……也失去了或逝去了之后，才猛然发觉那些有多么宝贵。

当我们为某些不如意而感到伤心沮丧时，想想那些比我们更不幸的人，沮丧感立刻会减轻很多。很多时候，当我们在工作或生活中遭遇痛苦时，只要将注意力转移到另一个人的悲喜之上，我们自身的痛苦就会减轻。比如当我们生病住院时，看到有的人比自己病得更重，于是我们安慰他们、鼓励他们，让他们变得开心和坚强，我们自己也就同样会变得快乐和坚强，因为被人需要本身就是一件快乐的事情。

有位哲人曾经说过：“不因羡慕别人胸前的花而枯萎了自己脚下的小草。”不要总是觉得自己拥有的不够多，而去羡慕别人所拥有的。世界上最快乐、最幸福的人，通常是那些知足惜福的人。

在人生的道路上，与其耗费时间和精力去想那些自己没有的，不如用一种阳光心态，好好地把握我们已经拥有的，不要等到失去了才空悲切。更何况，有和无、多与少、穷和富本身就没有一定的标准，全在于我们的主观认定。这个世上既有家财万贯、成天为财物烦心的“穷人”，也有孑然一身、空无一物的“富人”。只要我们自己觉得满足，我们就是这个世上最快乐、最富有的人。

珍惜当前生活，其实每一天都很美好

人生，是一个沉重的话题，但又是一个无法逃避的话题。有些人总是过于追求完美的人生，然而过分的高标准，往往会让你忽视你人生中已经拥有的一切。有句话叫“身在福中不知福”。当然，人们不可能总是很幸运，但如果仔细观察，也许并不如自己想象的那么倒霉，静下心来体味现在的生活，也许你会从生活中发现不同以往的美好。

我们总是很奇怪，为什么要到失去的时候，才懂得去珍惜？事实上，幸福早就放在我们面前。在我们肚子饿时，有一碗热腾腾的米饭放在眼前，其实就是一种幸福；哭得伤心时，旁边温柔地递来一张纸巾就是幸福。幸福本来就没有一个固定的定义，一些平常的小事中就有幸福的影子。换句话说，幸福与否，只在于我们的心如何看待幸福。在岁月的长河里，一个人留下的轨迹少得可怜。人生短短几十年，假如不懂珍惜今天，那么人生是不会快乐的。

传说上帝常常会化作凡人，去帮助那些需要帮助的人，因为上帝希望世上所有的人都能得到幸福。一天，他看到一位农夫，那农夫一脸苦恼的样子，让他觉得农夫可能需要帮助，便走上前去询问。

农夫就向上帝诉苦道："俺家唯一的一头牛死了，假如没有它帮忙犁田，单靠我一个人可怎么下地干活呀！"于是上帝变出了一头非常健壮的水牛送给了农夫，农夫十分高兴，上帝也从他身上感受到了快乐的滋味。

有一天，上帝看到一个非常沮丧的男人，就前去询问，男人说他的钱被人骗光了，现在连回家的路费都没有了。于是上帝变出了一些钱给这个男人做路费，男人谢过上帝后离开了，上帝也在他身上感受到了快乐的滋味。

上帝又看到一位不开心的学者，这位年轻的学者很有才华，不但非常英俊，而且还很有钱，更难得的是，他还有一位美丽贤惠的妻子。上帝不明白他为什么还是过得不快乐。

于是，上帝就去问他："你为什么不快乐呢？我有什么可以帮忙的吗？"

学者对上帝说："我什么东西都不缺，就是没有一样东西，你能赐予我吗？"

上帝回答："当然。你想要什么我都可以给你的。"

学者直直地望着上帝说："我缺少的是幸福的感觉。"

这可把上帝难倒了，上帝想了想说："好吧，我知道了。"然后他把学者所拥有的东西都拿走了。上帝毁了学者的容貌，拿走了他的才华，把他的财产和妻子也一起带走了。上帝做完这些事后，没说什么就走开了。

又过了一个月，上帝再次回到学者的身边，看他已经快要饿死了，衣衫褴褛，躺在地上挣扎着。上帝就把曾经属于学者的一切都还给他，还是没说什么就走开了。

一个月过去了，上帝再去看学者。这回学者正搂着妻子，不住地向上帝道谢，因为他终于感受到了幸福的滋味。

每年春夏秋冬，四季交替，我们在这四个季节中度过，一定会有无数艰难险阻需要我们去跨越。然而无论如何，我们都应该感激上帝给我们活着的机会。因为只有经过磨难的洗礼，我们才能一点一点变得更成熟，变得更有内涵。为了自己的理想，多摔倒几次也是值得的，所以我们完全没必要为失败而烦恼，至少我们还有成功的机会，只要我们活着。

其实，人生在世也就短短几十年而已。如果你是一位学者，就要专心做你的学问；如果你是英雄，就要创造更伟大的业绩；如果你在偷偷爱着什么人，就要大胆地告诉对方，因为今天一去就不再回来。一本没读完的书，一句没说完的话，假如在生命结束前不读完，不说完，就再也没有机会了。如此珍贵的人生，我们不应该把它浪费了。我们很幸运地活在这个世界上，就不该白来这一遭。

花开之时，我们要懂得珍惜，学会享受芳香的春季；花艳之时，我们要懂得珍惜，学会感受灿烂的夏季；花黄之时，我们要懂得珍惜，学会感知寂寞的秋季；花谢之时，我们要懂得珍惜，学会体验寒冷的冬季。

每个人都应该珍惜现在的生活，都要让自己活得更有价值和意义，活得开开心心。只有珍惜现在的时光，把握好今天，才有可能立足于明天。许多年后，在我们回味过去时，唯一能让自己不后悔的办法，就是把握好当初的每一分每一秒，认识到每一天其实都是特别的，都是上天的恩赐，从而更加珍惜当前的生活，拥抱美丽的生命。

把每一天当成此生最好的一天

李大钊曾说：“世上最宝贵的就是‘今’，最容易失去的也是‘今’。”然而，很多人都喜欢憧憬明天，并希望明天的太阳有所不同；也有人喜欢徘徊在昨天的绿洲里流连忘返。可以肯定的是，他们都忽略了今天。的确，一个未知的明天，让人充满了遐想，或许它是美好的，或许它比今天更辉煌灿烂。可是，明日复明日，明日何其多？一个人若不懂得珍惜今天的时光，又何以谈明天的光阴呢？

有一个叫杰恩的人刚走进老板的办公室，老板就随口问了一句：

“今天过得可好?”

他回答：“今天是我过得最好的一天!”

就是这样的一句话，让他引起了老板的注意。老板似乎在为这样的回答感到惊讶。

“最好的一天?”老板很惊诧地又问。

“是的。”他迅速且自信地回答。

老板又提出另一个问题：“杰恩，你多大?”

他将自己的年龄告诉了老板，老板拿过一张纸，一边写一边嘀咕：“就把过去的那些年每年都看成是365天。”经过一番计算，老板说：“就是说，你已经活了21170天了。而现在你却站在这里说，今天是你最好的一天?”

“是的。”他再一次肯定地答道。

他知道老板并不相信他的回答。但他认为老板相不相信并不重要，重要的是他自己相信。

别人问他：“你怎么能肯定今天就是你最好的一天呢？那你结婚的那天呢，难道没有今天好吗?”

他是这样回答的：“结婚的那天我会永远记得，那时她很快乐。我还记得第一个孩子出生时的情景；记得雪橇断了，我给自己所爱的人讲笑话；记得在唐氏甜点喝奶昔；记得给一只小盲鸭喂食；记得和儿子一起爬上奥林匹亚山，欣赏美丽的风景；记得看见刚刚犁过的，黑色、潮湿、肥沃的泥土；记得在学年手册上读到学校里最为传统的女孩写给我的评语——‘高年级最好的男孩’；记得有位女孩说她尊重我；记得那天船长公正地对待我；记得海军军官说我不能参军，而母亲仁慈地对我说还有希望；还记得其他两万多个美好的日子。因为没有这些，就不会有我现在的生活。在那些天里，有很多天都可以排在我好日子列表的前面，但却没有一天是最好的，它们都只能排在第二。”

人的一生，只有一天是最好的，那便是今天。在今天，他唱起“今天是我的，我最美好的一天。”倘若今天不是最美好的一天，那么他就需要静静地反思一下了。他需要在清晨、在一整天里大声歌唱，让他的心灵听到："他活着，除去我的恐惧；他活着，拭干我的泪水；他活着，替我做我所需要做的一切，好让今天成为到目前为止，我最好的一天。"

今天就是最好的一天，我们要把生命里的每一天都当作最好的一天来过，要把每一天都过得充实而满足。因为，在我们生命里的每一个明天都会成为今天，而每一个今天也都会成为昨天，并且会离我们越来越远，会被岁月尘封，这是一个谁也无法改变的事实。所以，最明智的做法就是把每一天当作最好的今天来过。

将每一天都过得充实而有意义

你是否想改变自己，让自己做一个对未来充满责任、勇往直前的人？但是，事与愿违，你不仅虚度了光阴，还失掉了面对的勇气。那么，明天的你究竟会是怎样的呢？或许只有你自己才知道答案。不过有一点是可以肯定的，你的明天由你的今天来决定！

在当前这样的社会环境中，是不是每个人都可以自信地说我出淤泥而不染？当面对别人的生活时，我们可以这样去思考，但不应让其成为我们人生路上的绊脚石。从现在开始，做好自己吧，因为每个人的明天都将由他自己去创造。坚持下去吧，让每一天都过得充实而有意义。

我们无须理会别人的生活，只要坚持自己的道路走下去就好。

在人生这条漫长的旅途上，有谁能说自己是一路踏着鲜花、阳光走来的？又有谁能保证以后不会再遭到挫折与打击？我们只看到成功的光鲜外表，却不知成功的背后布满了荆棘与激流险滩！假如我们因为一时的受挫就退出"战场"，那么到头来只会因自己的半途而废感到懊悔；假如我们总是因为害怕失败而失去前行的勇气，那么就永远不会实现心中的梦想。

命运会赐给受挫者和失败者一种最好的补偿方法，那就是从哪里摔倒，再从哪里爬起来。要带着客观的态度、踏实的步伐，稳健地走下去，去履行自己的人生责任，实现自身的价值。此时，生命本身的好处就会像春柳吐芽一般，一点点地显露出来。人生的魅力，在于无论什么时候都能从痛苦的阴暗角落里出发，朝着美好的远途和未来走去。就算是千帆过尽，也还有满载希冀的第1001艘船；只要心中的那个梦不灭，就不会被孤独地抛在岸边。不管在什么地方、蒙受了多少失败，都会有机会从容地整理行装，之后再欣然起程。这便是幸福的真谛，也是永生的财富。

滴水可以穿石。就算我们每天的努力只是一个小小的动作，只要持之以恒，都会成为明日成功的基础。我们所有的努力，哪怕只是一点一滴的耕耘，它们在时光的沙漏里消逝后，萃取而出的成果都将是掷地有声、受人艳羡的“成功之果”。因为我们是自然界中最伟大的奇迹。

在这个世界上，我们的到来是有意义的。我们应该成为一个栋梁之材，而非草芥。从今天开始，我们要为自己成为群峰之巅而努力，并把我们的潜能发挥到极致。我们要吸取别人的经验，了解自己及自己所拥有的优势，这是发挥自己长处的关键，也是成就事业的关键。其实，很多成功的沟通，只有一套说辞，但是却能让他们无往而不利。人生最光荣的事，不在于永不失败，而在于能否屡跌屡起、屡败屡战。对于那些每次摔倒就能马上站起来、每次落地反而能跳得更高的人来说，失败是无所谓的。人生是一条没有尽头的道路，不要总是留恋逝去的梦。我们应该把命运掌握在自己手里，这样在艰难的前行途中，就会充满希望与成功！

生命的奖赏常常是在旅途终点，而不是起点附近。尽管我们不知道要走多少步才能抵达终点，甚至当踏上第1000步时，仍然会遭到失败，但成功往往就藏在拐角处的后面。除非我们拐弯，否则永远不可能知道还有多远。如果觉得前进一步没有用，那么就再前进一步。要一次前进一大步很难，但要每次进步一点点，却是很容易做到的事。从今天开始，我们每天的奋斗都要像对参天大树的砍击那样坚决果断，也许头几刀会了无痕迹；也许每一击都看似微不足道，但是将这些努力累积起来，终有一日，巨树会倒下。这便是用今天的努力，去收获对未来的庄严承诺。

没有不带伤的船，只有不肯快乐的心

快乐地生活是一生，痛苦地生活也是一生。既然如此，我们何不选择每天都高高兴兴，用开心的笑容点亮自己的美好前程？

但是，生活好像并不太愿意配合我们，很多事情总是事与愿违，不得不说，痛苦经常如影随形。一道道伤痕、一次次心痛、一遍遍泪水，都无法洗去人生的尘埃，无法抹杀命运的艰难。

其实，在我们有限的人生旅程中，又何必跟自己较劲儿呢？放平心态，看淡一切，方能在艰难困苦中觅得快乐的真谛。

很多事情都是那么的发人深省，想起来总会让人觉得受益颇深，看它个千遍万遍，也不厌倦。比如下面这篇律师与船的故事。

英国的劳埃德保险公司曾经在拍卖市场拍下了一艘船。该船原本属于荷兰福勒船舶公司。这艘船 1894 年下水，在大西洋上曾经遭遇冰山 138 次，触礁 116 次，起火 13 次，风暴扭断桅杆 27 次，但是该船始终没有沉没。

英国劳埃德保险公司正是基于它不平凡的经历，决定将它从荷兰购买回来，捐给国家。现在，这艘外壳凹凸不平、船体微微变形的船，就停泊在英国萨伦港的国家船舶博物馆中。

只是，让这艘船声名远扬的并不是劳埃德公司，而是一位来此旅游的律师。当时，这位律师刚输掉了一场官司，委托人也在不久之前自杀了。这虽然不是他的首次辩护失败，也并非他遇到的首例自杀事件，但是，每次他遇到类似的事情，他都会有一种负罪感。他不知道应该如何安慰这些在商场上遭受了挫折的人——这些人中有的被骗、有的被罚，他们或损失惨重，或血本无归，也有的因官司输了落得一身债务。

当这位律师在萨伦船舶博物馆发现这艘船时，忽然有了一种想法：为什么不让他们来看看这艘船呢？于是，他就将这艘船的历史抄录下来，与这艘船的照片一起挂到他的律师事务所中。此后，每当商界的委托人请他辩护时，不论输赢，他都建议他们前去看一看这艘历经磨难的船。

据英国《泰晤士报》报道，截至1987年，参观过这艘船的人已经达到1230万，仅参观者的留言就有170本之多。

我们很多人都没去过英国，也不清楚那些参观者会在留言簿上写了些什么，但有一点肯定是我们需要懂得的，那就是：在大海上航行，没有不带伤的船；在人生中旅行，没有不受伤的心。

像那艘饱经风霜的船一样，我们在生活中也不可能是一帆风顺的，免不了会有伤痛与挫折。我们也要同那艘船一样，不会因为有伤就沉没于大海，而是要明确前进的方向，勇往直前。

就如同世上根本没有无瑕疵的玉一样，幸福也是这样，但只要你拥有一颗愿意快乐的心，就肯定会看到幸福的存在。只要能够好好掌控自己的心舵，并下达命令，来支配自己的命运，就能寻找到属于自己的快乐。如果想让困难与不幸远离自己，只要拥有淡然如云、微笑如花的人生态度，快乐是非常容易得到的。

任何人的一生中，都不可能一帆风顺，没有人从不遭受挫折和磨难。只要我们想，无论在怎样的人生中，都能够活出快乐。倘若我们善于发现快乐，那么再平常的小事情之中，也能找到震撼自己心灵的力量。快乐与否，全在于心。只要我们肯改变自己的心，那么即便在平凡乃至平庸的生活中，我们都会感到非常快乐。

所有的痛苦或快乐，都在于自己怎样看待人生、怎样看待事物。苦痛源自心境，快乐与否源自心态。实际上，我们从一声问候中、一个微笑中、一个会心的眼神中……都能发现快乐。快乐是一种心境，存在于生活的点滴之中。

每个人的一生中，都会经历许许多多的风雨，从某种程度上说，怎样看待它们决定了我们今后的人生。在经历痛苦时，总会有一些朋友时不时地给予关怀与照顾，用酸甜苦辣来充实我们的人生，我们一定要善于从中发现快乐和幸福。

人生短暂，我们不能让自己这短短几十年的光阴在悲叹中度过，而是要用乐观积极的健康心态去找寻快乐，如此才能让自己的生活过得更有意义。

没有不带伤的船，只有不肯快乐的心。我们要坚信，只要自己想快乐，就一定能够获得快乐。从现在开始，释放出自己的快乐吧，让自己成为一个快乐无比的人！

牢记幸福要诀，学会自我救赎

“活得太累了！”这句话仿佛成了现代人的心声，很多人都经常发出这样的慨叹。

是的，稍微有点儿人生阅历的人，谁不曾感到过深深的疲惫？

不过，一位80多岁的老太太，却轻松悠闲地活着，她的话或许能给我们一些启示：做个好人其实很容易，拥有幸福的人生也非常简单，那就是不要用自己的错误惩罚自己，不要用自己的错误惩罚别人，不要用别人的错误惩罚自己。

老太太一边说，一边晃了晃三根手指，脸上洋溢着一种曾经沧海的从容和孩童般的天真烂漫。

“有这样三条原则，我们就不会活得太累。”老人说。

总结出这“人生幸福三诀”的老太太，是位很有来历的知识女性，她叫张允和，丈夫是著名的语言学家周有光，妹夫是大文豪沈从文。

张允和老人也曾颠沛流离过，这“幸福三诀”正是她从自己的人生苦难和艰辛中大彻大悟得来的。

第一条，不要用自己的错误惩罚自己。

其实，生活中的很多烦恼，都源于自己跟自己过不去。“人非圣贤，孰能无过”，如果我们每犯一个错误，就终日沉浸于无尽的自责和哀怨之中，那么我们的人生就会像诗人泰戈尔所说的那样：错过了太阳，还将失去群星。懊恼与后悔并无用处，我们唯一该做的，就是设法弥补自己的错误，而非深陷自怨自艾的自责之中。

第二条，不要用自己的错误惩罚别人。

也许这个浅显的道理我们都明白，然而做起来却很难。我们通常会因为自己的过错而感到后悔，可是也有不少人尽管怪自己，但因为虚荣心作祟，还要寻找能够替自己掩饰过错的人，于是，有些人就开始不由自主地拿自己的错误去惩罚别人。事实上，这对我们自身并没有益处，错误还在，而那些无辜的“替罪羊”也一定会奋起反抗的。

第三条，不要用别人的错误惩罚自己。

一座山中住着一位老人，他原本有个幸福的家庭，三个正处于花样年华的女儿把老人照顾得很周到。但是，有一天，不幸突然降临，一帮山贼路过这里的时候把他的三个女儿杀了。

突如其来的悲剧，使老人陷入了痛苦的深渊，他整日以泪洗面，沉默寡言，几乎没有人能体会他的悲痛和愤怒。随着时间的流逝，在亲戚朋友的劝慰下老人逐渐体会到，要让自己的生活步上正轨，唯一的办法是放下愤怒，原谅那些凶手。于是，老人走出家门，用他所有的时间来帮助别人获得心灵的平静以及宽恕他人。老人一天天快乐起来，重新拥有了那久违的平和心境。有人问他，为何不再怨恨那些凶手？老人说，女儿在天上不希望看到他被痛苦折磨，所以他放下愤怒是为了自己，希望自己好好地活着。

曾经被人深深伤害过的人，可以分为两种：一种人始终生活在愤怒及痛苦的阴影下，还有一种人却能得到超乎常人的同情心与深度。事实上，即使是遭遇剧变，也不该用仇恨的心态来面对生活。因为放过别人，实际上就是放过自己。也可以说心态决定了一个人过得快乐与否。假如我们选择了计较，那么我们就将在黑暗中度过余生；如果我们选择了忘记仇恨，就等于不再执着于别人犯的错误，那么我们的生活也定将变得更加快乐。

每个人要学会自我救赎，而要想让自己活得更开心，就要牢记本文中的这幸福三诀，这才是把自己救出坏情绪的最好办法。

做一个幸福的傻瓜又何妨

成功的人不仅在事业上成功，拥有美满幸福的婚姻同样也是成功的一部分。但是在现实生活中，很多人并不了解这一点，常常在年轻时一心扑在事业上，而忽视了婚姻的美满，即使取得了事业成功，却错过了幸福的婚姻。

人人都应该呵护自己来之不易的婚姻，都应当把婚姻当作成功的一部分。婚姻和工作是人生很重要的组成部分，但是不同的是，婚姻需要格外的呵护与宽容才能达到一种幸福的境界。

一位研究婚姻问题的专家，受邀到一所家政学校去讲课，他携带了一叠图表，讲题是“婚姻的经营与创意”。把图表放在讲桌上后，他就开始讲课。

专家一上来就说道：“其实，在爱情和婚姻里是没有老师与学生之分的。年轻人常常爱得如痴如醉，分手却很多；而老年人爱得平平淡淡，往往和睦美满。我们去研究婚姻与爱情，这方面的理论已经有很多了，但是真正适用于现实生活的却很少，因此，很多人越来越糊涂了。对于婚姻，我花了几十年的心血去研究。起初认为婚姻是世界上最复杂的一门学问，后来才发现事实上婚姻很简单，说起来婚姻只不过是一个数学概念罢了。”

听众听了纷纷摇头，觉得专家很“武断”。专家并没有理会听众的反应，而是打开第一张挂图，上面有这样一行字：“成功的婚姻取决于两点：找一个好人；自己做一个好人。”

专家用肯定的语气说：“这就是成功婚姻的全部秘诀，至于其他的秘诀，假如不是江湖偏方，也至多是些老生常谈罢了。”

众人一片哗然，有人说不可能。一名学生站起来问：“若做不到这两条呢？”

专家微笑着翻开第二张挂图，说："那就请看这4条：在容忍中帮助，假如帮助不好那就继续容忍；使容忍成为一种习惯；并在习惯中养成傻瓜的品格；遇事糊涂一点，把傻瓜永远做下去。"

专家刚把这4条念完，台下就喧哗起来，有的人说这根本不可能做到。

"假如这4条还难以做到的话，那你就得做到以下13条，"专家接着翻开第三张挂图，念道："除非有非常紧急的事，否则不要大声乱叫；不要在相同时间发脾气；假如彼此争执，要让对方赢；当天的争执就要在当天化解；争吵后回娘家或外出不要超过8小时；在批评对方时要保持着爱；随时随地准备向对方道歉；有谣言传来的时候，把它当成笑话来对待；当电话铃响的时候，让对方去接；口袋里有多少钱告诉对方，随时报账；假如对方不希望被打扰的时候，千万别自以为是地去打扰；要坚决消灭没钱的日子，让生活得到满足；给对方父母的钱一定要比给你父母的多一些。"他念完后，有些人笑了，有些人则在叹气，还有些人已经开始收拾东西了。

这位专家看了看众人的反应，停了一会儿说："假如大家觉得以上13条还是没法做到的话，那么你将要做好下面的256条了。"他翻开挂图的第4页，只见上面密密麻麻布满了如同小蚂蚁一样的文字。他说："如果你的婚姻走到这一步，就已经很危险了。"教室里顿时爆发出雷鸣般的掌声。

婚姻是需要我们用心呵护的，假如你找到了一个好人，那么你的婚姻就建立在信任的基础上，这段婚姻会给你很多支持。假如你无法找到一个好人，那婚姻就需要彼此付出更多的宽容与忍让。

在现实生活中，彼此完全信任的婚姻是非常罕见的，这种好人也不是随便可以遇到的，而宽容、"糊涂"的人也不会很多，大多数婚姻都是属于第二张挂图的情况。当我们进入婚姻生活时，就不要再当爱发脾气的任性小孩了，也不要遇事只想着自己，而是应该随时准备做出让步；假如彼此在生活上存在差异，就设法改变不协调的状况；经常找出时间来两人独处，才能在结婚后依然保持情侣的情怀和情调；用幽默的方式去面对生活中的麻烦，在遇到麻烦时不妨开个玩笑；假如彼此有了矛盾，不要对骂及动武，而应该忍耐，继而想出解决矛盾的办法；学会随时处理家庭危机，互相支持，彼此帮助。

成了家的人，可以说就对命运之神交出了抵押品，美满的婚姻难得一遇，命运是否给你成功，就看你如何去把握了。婚姻幸福将会带给我们意想不到的成功感觉，假如在婚姻中男人能学会忍耐，女人能适时地“装聋作哑”，不但能避免矛盾，往往还能够挽救一个家庭，甚至彼此的人生。以一种宽容的态度，去对待婚姻中的各种问题，赢得一份难得的幸福吧。

这样活着就很好

人的处境总有不同，有人得意，有人失意，有人整天为生活而奔波，有人甚至正身陷囹圄。但有一点是相同的，那就是，我们都还活着。

其实，活着就好。

2008 年 5 月 12 日，汶川遭受了巨大的创伤，一场大地震带走了无数人的生命。当时，整个汶川被死神笼罩着。

地震过后，有位记者采访了一位在汶川死里逃生的百万富翁。记者问他，经过这场大地震后，最大的感受是什么？

这位老板是这样说的：“我最大的感受是：活着就好。经过这次地震，我明白了，其实生命才是最珍贵的，有了生命才会感到幸福的存在。能够活下来是多么的幸运，我一定会更加珍惜生命，珍惜生活。”

是呀，对于那些经受过生死考验的人来说，他们会觉得活着真好，只要活着，就是最大的幸福与快乐。

千万不要因为还没经历过生死，就把活着视为理所当然。实际上并非如此，因为这个世界并不安全，未来的日子永远是个未知数，生活总是充满着变化多端。我们能够活着，其实本身就是一种幸运，对此我们应该感谢老天。

对大部分人而言，生命会从始至终，寿终正寝，与草木同腐。这是一种正常的生命模式，我们也习惯了这样。而从另外一种意义上讲，一旦生命遇到变化，偏离了原来的轨道，裸露出其脆弱的本质时，能活着本身，何尝不是最大的幸福与快乐！

在汶川地震期间，有一名男子在地震废墟中被掩埋了50多个小时后，被探查到还有生命迹象，救援人员于是倾尽全力对他实施救援行动。但是，一块巨大的石板压在他的左腿上，而在这块石板的上面，则是一栋摇摇欲坠的楼房，若想一味拉出这位男子，就有可能使整栋楼房倒塌，从而给楼内的其他人带来威胁。男子的妻子一直守在他的身旁，还对救援人员哭喊着："求求你们，救救他，他不能死啊！"后来，这名男子被成功地救出，同时在这栋楼的废墟中还救出了几位老人和妇女，可是那名男子被当场锯掉了左腿。有媒体再次去采访这名男子时，只见他的妻子依旧陪护在他身旁，给他擦身子，作按摩，喂他吃饭，和他说话……她说："就算失去了一条腿，可他只要还活着，对我来说就是最大的幸福。"

无论是对自己，还是身边的亲人来说，还有什么比在灾难中保住生命更重要、更美好的事情呢？还有什么能比活着更快乐、更幸福的事情呢？

生命是美好的，但处在平安之中的我们，却往往忽略了这一点。而那些真正与死神擦肩而过的人，才会豁然感悟其中的真谛，从而更加珍惜生命中的每一分每一秒。

一次，海明威所乘的飞机失事，在死里逃生后读到关于自己的讣告时，他说："一个人有生就有死，但只要你活着，就要以最好的方式活下去。"当年著名作家三毛在撒哈拉沙漠中举行婚礼时，丈夫荷西送给她的礼物是从沙漠中捡来的一副骆驼的骷髅，她竟欣喜若狂。那是因为他们都曾经到达过死亡的边缘，都有过即将失去生命的惊恐，因此，他们更加懂得该如何珍爱对方。

我们正是知道了死，才掂出了生的分量。虽然我们经过长途跋涉以后，叩开的依旧是死亡之门，但还是应该去抓住生的每一个瞬间，发掘出生命的真实价值与意义。

现在，我们平安地生活在这个世上，太阳每天照耀着我们，春风吹拂着我们，我们还可以自由自在地做着自己想做的事，这一切难道不就是最大的幸福吗?

仅仅活着，其实并不是我们的生活目标，但它可以给我们这样一个提示：月有阴晴圆缺，未来的生活也许会提供给我们愉悦与幸福，但也可能是厄运与苦难。相对于厄运与苦难而言，像现在这样活着，其实不就很好吗?

与其羡慕别人，不如珍惜自己的所有

我们都是平凡的人，平凡之人自有平凡之人的快乐与幸福。既然我们不是别人，就不必羡慕别人，更不该对自己身边的点滴快乐视而不见。每个人都有自己的生存状态，不必妄自菲薄，也无须刻意张狂。热爱自己的生活方式，并用适当的方式来告诉人们“我活得很好”，这就是一种乐观而自信的人生态度。

墙角下，蔷薇和鸡冠花生长在一起。一天，鸡冠花对蔷薇说：“你是世上最美丽的花朵，神和人都非常喜爱你，我真羡慕你有漂亮的颜色以及芬芳的香味。”蔷薇回答说：“鸡冠花啊，我仅是昙花一现，即使人们不去摘，也会凋零。你却是永久地开着花，青春常在。”事物各有所长，也各有所短，不用羡慕别人有你所没有的东西，你也有别人所没有的长处。

河的两岸，分别住着一个和尚与一个农夫。和尚看着农夫每天日出而作，日落而息，生活非常充实，令他相当羡慕。而农夫也在对岸，看见和尚每天都是无忧无虑地诵经、敲钟，生活非常轻松，令他非常向往。因此，在他们的心中产生了一个共同念头：“真想到对岸去，换个新活法!”一天，他们碰巧见面了，两人商谈一番，就达成交换身份的协议，农夫变成和尚，和尚则变成农夫。农夫来到和尚的生活环境后，才发现和尚的日子一点儿也不好过，那种敲钟、诵经的工作，看起来很悠闲，其实却非常烦琐，每个步骤都不能遗漏。更重要的是，寺庙刻板单调的生活非常枯燥乏味，尽管悠闲，却让他觉得无聊至极。于是，成为和尚的农夫，在每天敲钟、诵经之余都坐在岸边，羡慕地看着在彼岸劳作的其他农夫。至于做了农夫的和尚，重返尘世后，竟然痛苦比农夫还要多，面对俗世的烦忧、辛劳和困惑，他非常怀念当和尚的日子。这样，他也和农夫一样，每天坐在岸边，羡慕地看着对岸步履缓慢的其他和尚，静静地聆听彼岸传来的诵经声。在他们的心中，同时响起了另一个声音："回去吧，那里才是真正适合自己的地方！"

日常生活中，我们经常会听到朋友间的抱怨："你的生活过得真好，不像我，每天都要面对老板的唠叨……"但是，你怎会知道朋友的生活过得有多好？不要只看事情的表面，你没有做过对方的工作，更没有经历过对方的生活，自然也看不见他们的辛苦。就像我们只看得见成功者的笑容，却看不见他们在奋斗过程中曾经流下的眼泪。不必羡慕别人成功时的笑容，那也许只是苦中作乐；不必羡慕别人有车有房，假如你只是羡慕，那你就只能羡慕一辈子了，临死前，或许还在羡慕别人死后有一幢别墅一样的墓地；更不必羡慕别人有佳人或才子相陪，好好地爱着你身边的人，也许他平实得好像食之无味的馒头，但却可以充饥，且每一口都透着真爱与温馨。

也许你羡慕别人的生活比你快乐，认为别人的日子过得比你好。但是，你并没有看到他们生活中的另一面。大家都不愿让别人看到自己弱的一面，不愿让人觉得自己活得比别人差，所以，展示在别人面前的大多只是虚华的美好，而不是艰苦的努力。不必羡慕别人的美丽花园，你也有自己的乐土，只要你用心耕耘，眼前的这片花圃，终会花团锦簇、香气四溢。

我们每个人都有自己必经的历程，其中的辛苦与甜美也只有自己感受最深刻。只有亲自栽种的花朵，你才知道其特性与培植的感受，而当花朵嫣然绽放时，你才能感受到成功的欣喜；也只有你，才真正懂得欣赏这朵花的美丽之处。

体悟生活的美好，享受淡定的人生

不要羡慕别人腰缠万贯，他们不一定过得比你更快乐。

一位富翁在一个码头遇到一位刚从海上捕鱼回来的渔夫。渔夫神情开朗，似乎一天的收获还可以。

这位富翁问渔夫："你要用多少时间才能捕到这么多鱼啊?"

渔夫回答："才一会儿工夫罢了。"

富翁又问："你为什么不多花点儿时间多捕一些鱼呢?"

渔夫不以为然地说："这些鱼已经够我一家人两三天的生活所需了。"

接着，富翁又问："那么除了捕鱼，你一天剩下那么多的时间都在干什么呢?"

渔夫说："我每天睡到自然醒，出海捕鱼，回来后跟孩子们玩一会儿，再跟妻子睡个午觉；黄昏时候到村子里的小饭店吃些小菜，喝点儿酒，跟朋友们玩玩吉他。我的日子过得充实而又忙碌。"

富翁是位经济学博士，他说："你每天应该多花一些时间去捕鱼，到时你就有钱去买一条大点儿的船。这样你就可以捕到更多的鱼，买到更多的船，甚至会拥有一支自己的船队。到时候你就不必把鱼卖给鱼贩子，而是直接卖给加工厂了。然后你甚至可以自己开一家罐头加工厂。这样一来，你就可以控制生产、加工处理和行销整个过程。你的金钱会像雪球一样，越滚越多。你还可以离开这个小渔村，搬到墨西哥城，再搬到洛杉矶，最后到纽约，在那里经营你不断发展壮大的事业。"

渔夫问："这要花多少时间呢?"

富翁说："如果一切顺利的话，大概需要 15 年到 20 年的时间。"

渔夫继续问："然后呢?"

这位富翁说：“然后你就可以在家当国王了。时候一到，你就可以宣布股票上市，把公司的股份卖给投资大众。到时候你就发大财了，你可以轻轻松松地赚上几个亿，这要远比你现在的生活好得多。”

渔夫接着问：“然后呢？”

这位富翁就得意地大笑说：“到那时你就可以退休了，你可以搬到海边的一个小渔村去住。每天睡到自然醒，出海随便捕几条鱼，跟孩子们玩一会儿，再跟妻子睡个午觉。黄昏时分，你可以到村子里的小饭店吃些小菜，喝点儿酒，跟朋友们玩玩吉他什么的。”

渔夫很疑惑地说：“用得着那么费劲吗？现在我不就这样生活吗？”

故事里的渔夫并不是没有追求，不求上进，而是他所追求的东西有别于富翁。因为他明白自己最想要的是什么样的生活，他现在的生活过得很快乐，他没有足够的阅历让他如那位富翁所说的那样去做，说到底这样做的结果也一定不如意。他自己很明白这一点，所以并不刻意去追求富翁的生活。更重要的是，他非常坦然地享受着自己的生活，并不在乎别人怎么看。

渔夫的智慧，就在于他用淡泊的心态去体悟生活，而不是和自己过不去，不奢望不适合自己的目标。

对很多人而言，人生的苦恼，并不在于自己获得多少、拥有多少，而是奢望得到更多。当一个人奢望得到更多，而自己又无能为力时，就会感到失落与不满，有些人甚至由此开始折磨自己，使自己变得一点儿都不开心。

曾有一位中国人在美国加州工作，一天晚上，他做了一个噩梦，梦见自己得了癌症，医生说已扩散到心脏了。梦醒之后，他忧心忡忡。他是一家药厂的质量工程师，工资很高，也买了房子。他说，刚来美国读书的时候忧虑考试，刚工作时没安全感，还要操心绿卡。如今已成为美国公民了，工作这些年也建立了职业信心，积攒了好多钱。前几年对自己的工作还有热情，如今没了，一想到以后的10

年还要从事这份工作，便心存恐惧。

在现实生活中，这种情绪非常普遍。人们在职业选择上更倾向于追求比较高的收入，但职业并不能保证与代表你个人的事业成功，让人艳羡的职务，能够看见蓝天白云的宽敞办公室，也无法给你一份愉悦的好心情。

曾有一位俄国人，刚到美国时非常缺钱，总想多挣钱。每次一谈到人事与工作时，他就总爱问："多少钱?"后来，他终于有机会进了挣大钱的证券行业。然而几年以后，他却说，钱没意思，现在工作仅仅是为了保持在美国的合法身份，有了绿卡之后就想到科罗拉多州的滑雪场做一个流浪的滑雪人。

20世纪20年代初，一群名噪一时的美国大亨汇集芝加哥。他们中间有：美国最大的钢铁公司总经理、美国最大的公用事业公司总经理、美国最大的小麦投机商、美国纽约股票交易所总经理、一名总统内阁成员、美国最大的空头生意投机商、一家大银行行长、世界垄断集团的头目。他们的手中掌握了总数超过美国国库总额的财富，红极一时。

但25年后，他们又怎么样了呢？钢铁公司总经理死于银行倒闭，死前5年靠借钱度日；公用事业公司总经理亡命他乡，身无分文死在异国土地上；小麦投机商因破产死于国外；股票交易所总经理释放于某监狱；内阁成员服刑期间获特赦死于家里；投机商死于自杀；银行行长死于自杀；垄断集团头目亦死于自杀。

这些人学会了赚钱，却没学会该如何生活。这些"叱咤风云"的人物可悲之处在于，他们把赚钱当作了生活的唯一目标。从某种意义上讲，学会生活比学会赚钱更重要。

其实，只要我们珍惜已经拥有的，尽心尽力做好能够做到的事，把剩下的交给上天就可以了。这样，我们的心中就会保留一份悠然自得，就不会再责备、怨恨自己没有做好什么事情了。

在生活中，人们总是忙着追求这，追求那，可是我们只有两只手，我们能握住的东西毕竟有限，想要满足自己的全部欲望是不现实的，甚至还会因为追求太多，而失去太多。假如我们处于这样的境地，还不如把握好手中的东西，淡淡定定、从从容容地享受生活的快乐。

美好的生活，需要忍耐来获得

忍耐是一种成大事的手段，更是一种做人的艺术。通过忍耐，就能够让时间和事实来表白自己，这样做可以摆脱无原则的纠缠和不必要的争吵。

著名的哲学家苏格拉底就非常善于忍耐。传说他的妻子是一个众所周知的悍妇，她性格强硬、心胸狭隘，是一个动辄破口大骂而且喜欢大打出手的泼妇。

有一次，苏格拉底正在和学生们一起探讨问题。他的妻子忽然闯了进去，对着他就是一阵破口大骂，接着又在他头上浇了一桶水。他的学生们本以为苏格拉底要对她怒声斥责，不料苏格拉底只是颇为幽默地说道："我就知道打雷之后总是要下雨的。"

这个故事听来确实很有意思，极具西式幽默。也许除了苏格拉底之外，不论是谁遇到了这种情形，就算不大打出手，也会雷霆大发。

苏格拉底毕竟不同于常人，由此可见他的超凡智慧与人生修养。他说精于马术的人，总是喜欢烈马，而他把自己的妻子比喻为一匹烈马。他选择了这样的妻子，只是为了练习自己的"马术"。我们不妨称之为"忍耐的艺术"。

试想一下，假如在当时，苏格拉底对他的妻子"以彼之道，还至彼身"，后果会怎样呢？这不仅破坏了他与学生们探讨学术的良好氛围，还会弄得大家都很尴尬，导致人心不快。而且，如果他那样做的话，还会大大激发妻子的怒气——这个悍妇不知还能做出些什么事情来。当然，一个睿智的哲学家的完美形象也就荡然无存了。

现实生活中，很多口角、争斗与矛盾，都是不能忍耐而造成的。

诸如，我踩你一脚，你回我一眼，出言不逊，双方就怒目相对，仿佛是不共戴天的仇敌；或者在排队时争相推抢，偶有得失，便恶言恶语，甚至当众大打出手……诸如此类的生活琐事，真可谓是不胜枚举。然而这些小事，只要当事人稍稍忍耐一下，就会烟消云散。

其实，忍耐是一种妥协，是一种策略，并不代表屈服或投降，它其实是一种非常务实、通权达变的社交手段。

忍耐是一种美德，它既能体现一个人的宽容大度，也能表现一个人顾全大局的精神。我国古代有一首《六忍歌》就是歌颂忍耐精神的。诗如下：

富者能忍保家，贫者能忍免辱，
父子能忍慈孝，兄弟能忍意笃，
朋友能忍情长，夫妇能忍和睦。

在日常生活中，我们难免会碰到一些蛮不讲理的人，甚至心存恶意的人，有时还会无缘无故地遭到这些人的欺侮和辱骂。每当遇到这样的事，常常会让人觉得忍无可忍。可是，如果不愿忍耐的话，就会与人发生矛盾与争端，就会给自己带来不必要的麻烦。

总之，为了事业的进步，为了家庭的和睦，为了人生的美好，我们每个人都应该学会忍耐的艺术。

不要期待人生太圆满

“月有阴晴圆缺，人有悲欢离合，此事古难全。”月亮圆缺转换，明暗轮回，这是自然规律，不可更移。人生又何尝不是如此？看看那些贵族、富翁，他们腰缠万贯，财大气粗，出则车马，入则高堂。他们过得潇洒吗？也未见得。《红楼梦》里的王熙凤就说：“大有大的难处！”难处尽在不言中。《红楼梦》里的贾家、王家、薛家、史家四大家族，一荣俱荣，一损俱损。一朝圣旨下，四大家族大厦便转瞬即倾。昔日的公子哥儿贾宝玉竟沦落为街头乞丐。所以说，贵族、富翁的人生，也不是完美的。

更别说一般的平头百姓了。在旧社会，百姓交粮纳税以后所剩无几，一年到头衣不遮体，食不果腹，一旦碰上灾荒之年，就会卖儿鬻女，惨不忍睹。现在的老百姓，日子是比以前好过了，但是让人忧心的事还是不少。小孩上幼儿园离家远了，孩子考不上大学了，房价太贵了，家属下岗了，买到假冒伪劣产品了，等等。人人都有一本难念的经，家家都有一本难念的经。谁敢说我们的人生是完美的呢？如此说来，生活中每个人都会遇到挫折。不完美的人生，才是真实的人生。谁能真正理解此中的真谛，谁就能从中受益。

在法国一个偏僻的小镇上，据说有一眼特别神奇的泉水，可以医治各种疾病。一天，一位拄着拐杖、少了一条腿的伤残军人，一跛一跛地走在镇上的马路上。小镇居民带着同情的口吻说："可怜的人啊，难道他要向上帝请求再有一条腿吗？"这话被伤残军人听到了，他转过身对他说："我不是要向上帝请求有一条新的腿，而是请求他帮助我，教我没有一条腿后该如何生活下去。"

在漫长的岁月中，我们每个人都会面临无数次选择，这些选择可能会让我们的生活充满无尽的烦恼与难题，使我们不断失去一些我们不想失去的东西。但是这些选择却又能让我们不断地获得。我们失去的，也许永远无法补偿，可是我们得到的，却是别人无法体会到的、独特的人生经历。因此面对得与失、成与败，要坦然待之。重要的是过程，对结果要顺其自然，不必斤斤计较。

上述那位肢体伤残的军人，经受着苦难，然而苦难并没有压垮他，反而让他体味到生命的丰富内涵，他坦然接受了现实的残酷，并勇敢地去正视它。就是这种达观的生活态度，让那位肢体伤残的军人萌发着新的希望和梦想。

凡事都是失之东隅，收之桑榆，可能你只是一味地盯着"失"，而对"得"并未意识到罢了。夫妻离婚了，在失去婚姻的同时，他们也得到了追求良缘的机会。曾经亲密的爱人移情别恋，在失去恋情的同时，你也应该庆幸现在的及早分手，避免浪费今后太多的时光。钱赚得少很失意，却可得意于不用为了储蓄投资而烦心。

事实上，人生就是一个得失循环的过程，只有适时地放弃一些东西，才能获得更多、更珍贵的东西。我们应该看到自己的优点，也要接受自己的缺点。世上本无完美的人生，因此，你不必戴着面具去生活。追求享受是人的天性，但经历苦难也是人生的必然过程。人若不经过挫折、苦难、挣扎，就不可能在众人中脱颖而出。古今中外的历史反复证明了这样一个道理：自古雄才多磨难，从来纨绔少伟男。人生没有过不去的坎儿，只要你一直向着阳光，阴影就会留在你的背后。

不是因为心情好人才会笑，而是因为笑人才心情好。把笑容留在你的脸上，慢慢地它就会渗透到你的心里面。

有这样一名女学生，因为家中贫困，早早就退学嫁人了。她的同学以为她一定是愁肠百结，就相邀去看望她。谁知一看，她竟是一副很满足的样子。她有一个深爱自己的丈夫，还有一个可爱的小男孩，这就是一个女人所有的幸福了。日子一天天流逝，后来，她的丈夫在一场大病中离开人世；再后来，儿子因开车出事进了监狱。此时，她的朋友以为她这回一定会痛不欲生了。一次，一个朋友路过她家，特地去看望她。她苍老了许多，额头过早地爬上了一道道皱纹，但她办了一家托儿所。在与朋友谈话时，她一会儿抱抱这个孩子，一会儿拍拍那个孩子，屋子里充满了孩子们幸福的欢笑声，看起来她也没有想象中那么痛不欲生。

如果别人能将你的财产、你的家人……你的一切都拿走，你还能够坚强地挺立，这说明你是个强者。因为谁也拿不走你的快乐、你的自信以及你内心的安宁。

人生永远不是我们所幻想的那样，总是那么圆满，也不能幻想在生活的四季中享受美好的春天。每个人的一生，都注定要品尝苦涩和无奈，经历挫折和失意。在漫漫旅途中，失意并不可怕，受挫也无须忧伤。只要心中的信念没有丢掉，只要自己心中的季节没有严冬，即使凄风苦雨，即便大雪纷飞，人生旅途也不会为之中断。艰难险阻是人生对你另一种方式的馈赠，坑坑洼洼也是对你意志的磨炼与考验。

落英在晚春中凋零，来年又将是灿烂一片；黄叶在秋风中飘落，春天又焕发勃勃生机。这何尝不是一种达观的态度，一种超凡的洒脱，一种人生的成熟，一种人情的练达呢？当晨曦洒进你的心田，你会突然明白：人生不会太圆满，再苦也要笑出来！

第二章

学会宽容他人，才能放飞自己

宽恕那些曾经伤害过你的人

马克·吐温说：“人们一只脚踩扁了紫罗兰，它却把香味留在脚跟上，这就是宽恕。”

要真正做到宽恕一个伤害过自己的人很难，毕竟这个人曾给我们带来过深深的伤害。也许这个人曾让我们在一段时间里陷入痛苦的深渊，无法自拔，但是我们终应珍惜现在，让自己生活下去，这就需要抛开愤怒，原谅那个伤害过自己的人，让自己获得心灵的宁静。

第二次世界大战期间，苏联人民团结一致，浴血奋战，付出了巨大的代价，终于取得了莫斯科保卫战的最终胜利。

在战争胜利的那一天，上万名疲惫不堪、无精打采的德国战俘排成长长的纵队，在荷枪实弹、威风凛凛的苏联士兵的押解下，缓缓走进莫斯科城。

得知法西斯战俘进城的消息后，大家纷纷涌上街头。在莫斯科大街两旁，围观的群众人山人海。而在这围观的人群中大部分是老人、妇女和儿童。

尽管苏军战胜了入侵的德国法西斯，但也付出了沉重的代价。这些老人、妇女和儿童就是战争的受害者，他们的亲人大都在这场异常残酷的战争中被入侵的法西斯所杀。

这些原本温和、善良的人们，被失去亲人的痛苦激怒了，他们怀着满腔的仇恨，将牙齿咬得咯咯响，一双双充满复仇火焰的眼睛齐刷刷地向俘虏走来的方向望去。

政府为了防止出现意外，派了大批的军队和警察挡在愤怒的人群前面，组成了一堵人墙。

战俘很快出现了。围观的人群骚动起来，有人喊着打倒法西斯的口号，有人叫骂着让凶手偿命，跟着人群潮水一样地向前涌来。负责维持秩序的警察试图阻止，但很快就被人潮冲得七零八落，最后警察和士兵手拉手艰难地组成人墙，才好不容易将人潮挡住。

战俘们已经走到人群面前，他们个个衣衫褴褛、步履蹒跚，每向前挪动一步都显得异常艰难。他们有的头上裹着绷带，有的身负重伤，有的躺在担架上，发出痛苦的呻吟。

面对被激怒的人群，战俘们的目光里充满了恐惧，出于求生的本能，他们不断地后退。有许多战俘本来就身负重伤，又遇上这样的阵势，就栽倒在地上。担架上的重伤号则被扔在地上，拼命地哭号呼救。

此时，一位中年妇女在混乱中用力挤过人墙，冲到一个受伤的战俘跟前，举拳就要打他。

这个战俘是一个失去双腿的重伤号，头上打着绷带，脸上的稚气表明他的年龄应该没有超过20岁。面对即将打来的拳头，他无法躲闪，只是瞪着惊恐的眼睛，发出绝望的哭喊。

这位中年妇女突然停住了，她站在那里，怔怔地看着年轻的战俘，心头一阵刺痛。从这个年轻战俘稚气的脸上，她仿佛看到了自己战死的儿子的身影！

她犹豫了一下，那只高举的拳头无力地垂了下来。接着她从怀里掏出一块用纸包着的面包，轻轻地递到伤号面前。年轻的战俘几乎不敢相信自己的眼睛，他盯着面包，却不敢接。直到妇女把面包硬塞到他的手里，他才醒悟过来，抓起面包连纸都顾不上扯下来，就狼吞虎咽地吃起来。他好几天都没有吃饭，已经饿坏了。

妇女看到伤号饿成这个样子，就缓缓地蹲下身子，用颤抖的双手轻轻抚摩着伤号头上的伤口，失声痛哭。

妇女悲恸的哭声撕心裂肺，骚动的人群安静了下来。人们被惊呆了，一个个用诧异的目光注视着眼前的一切。空气在这一刻仿佛一下子凝固了，整条大街都沉寂了下来。

过了一会儿，人们才明白过来是怎么一回事。出人意料的一幕出现了：那些老人、妇女和孩子们，纷纷拿出面包、火腿、香肠等各种食品，一齐向受伤的战俘涌去……

对受害者而言，也许宽恕会有一种吃亏的感觉，但是一直处于愤怒之中，却会让自己更加悲伤。报复只会增加心中的仇恨，只会让自己陷入更深的泥潭中难以自拔。学会宽恕吧，学会化悲愤为力量，在宽恕中我们将能找到更美好的未来。毕竟一切都已过去，我们更应该面向未来，珍惜眼前的生活。

宽恕别人就是在快乐自己

在加纳一所寄宿制中学的毕业班里，老师给学生们上最后一堂课。他先拿出一张画有一个黑点的白纸，问他的学生：“你们看到了什么？”

“一个黑点。”全班30名同学异口同声地答道。

“不准确。”老师说。

30名学生都愕然：“怎么不准确？明明就是一个黑点嘛！”

大胆的学生走近白纸，想认真瞧瞧老师画的到底是什么东西，左看右看，上看下看，反复看，还是黑点，就更加肯定地说：

“老师，没错啊，这就是一个黑点。”

老师说：“你们30双眼睛，看到的都是一个黑点吗？”

“老师，你让我们展开想象的翅膀吗？”有一名同学问。

老师摇摇头：“我上的不是文学课。我问的就是你们现在看到的现实。”

“现实就是一个黑点嘛！” 30 名学生齐声答道。

“难道你们谁也没看到这张白纸吗？眼光集中在黑点上，黑点就会越来越大。生活中你们可不能这样啊！”老师教导着他的学生。

教室里鸦雀无声。老师又拿出一张黑纸，中间画一个白点。他又问学生：“孩子们，你们又看到了什么？”孩子们齐声回答：“一个白点。”老师高兴地笑了：“孩子们，无限美好的未来在等待着你们，你们可以毕业了！”

的确，这里提出的是一道发人深省的问题。在现实中，我们常常一眼就能看到别人的小小缺陷，而对其更多的优点却熟视无睹。

有很多原因，习惯性的自私和嫉妒心理大概是主要的原因。看到别人的利益，看到别人的美好，经常高兴不起来，主要是因为我们的心胸太狭隘了。宽容就是治疗嫉妒、自私和心胸狭窄的不二法则。

宽恕是人类最难得的美德之一，它除了能够减轻对方的痛苦以外，还能够升华自己的品格。因为当我们宽恕他人的时候，我们反倒能得到真正的快乐。如果犯错是常见的平凡，那么宽恕则是一种超凡。如果我们看别人不顺眼，对别人的行为不理解，那么痛苦的就会是我们自己。

如果有人说“我恨你”，即使你恨死对方，对方也并一定会知道。因不知情，他不会有什么损失，也就不会有什么负担。反观你自己的内心，因为有“恨”而片刻不得宁静，痛苦异常。所以，我们要知道，“恨”别人是世界上最愚蠢的事情。

只有懂得宽恕别人，才能真正得到快乐。假如一个人的快乐是希望从别人身上去得到，那会比一个乞丐沿街乞讨还要痛苦一百倍。

宽恕是一种能力，是一种控制伤害继续扩大的能力。宽恕不仅是慈悲，也是一种修养。现实中，宽恕可以创造奇迹，宽恕能够挽回感情上的损失。宽恕就像一支火把，能照亮由焦躁、怨恨和复仇心理铺就的黑暗之路。

下面我们不妨来看看一个天真烂漫的 17 岁少女珍妮的故事。她的亲生母亲遗弃了她，这让她十分气愤，她经常问自己为什么生母不抚养她。后来她找到自己的生身父母，发现他们很贫穷也很年轻，而且尚未结婚，只是同居在一起罢了。

此时，珍妮的一个女朋友怀孕了，后来又因害怕把婴儿打掉了。珍妮帮助她的女友渡过了这个难关。慢慢地，她懂得了，在这样的环境下，这么做是正确的。她开始理解自己生母那时的处境了——因为太喜欢自己的孩子，所以只能送给别人，不然就会饿死。珍妮的同情心使她的愤怒情绪逐渐平息。

少女珍妮的做法是明智的。当我们宽恕他人的时候，也正是我们人类特有的非凡的创造能力得以实现的时候。我们不但创造了一个摆脱过去痛苦的新起点，又治愈了自己的心灵创伤。

茫茫人海，悠悠岁月，谁能保证不犯一点儿错误呢？选择宽恕，抛弃怨恨吧！宽恕他人，也是给自己一个新未来。

快乐并不是别人能够给予我们的，而是要靠我们自己去争取、去解脱、去超越。要想获得真正的快乐，就不能过于敏感，就得学会宽恕他人。否则，如果你对身边的一切都太在乎、太在意了，就像自己拿了很多条绳子绑住自己一样，那就无疑是自讨苦吃，自找麻烦。

因而，要想快乐，就得先从学习宽恕别人做起。宽恕是升华自己的本源。若能如实地将宽恕应用到具体生活当中去，那就能远离苦海了。

事实上，宽恕还是治愈创伤的良药。对大多数人而言，宽恕他人要付出很大的努力，但至少可以从憎恨他人的烦恼中解脱出来。如果不能够宽恕他人，那至少也要忘掉他人对自己的伤害。

“上帝呀，我的兄弟已经伤害了我 7 次，请问我还能宽恕他几次？”亚伯拉罕曾这样问上帝。

“你还要宽恕他 1000 次。”上帝回答。

一个人内心的平静，是通过改变自己获得的，而非通过报复获得。为了自己的未来，为了美好的生活，为了将来的幸福，为了内心的淡泊，请你从现在开始，就马上改变自己。如果你愿意宽恕伤害自己的人，那么你的生活必将会更加快乐、更加美好。

大气量成大事，做人不能小肚鸡肠

现实生活中，虽然每个人都在各自的生命之路上单独行走，但难免会有交叉碰撞。即便最和善的人有时也难免会伤别人的心。说不定就在昨日，或是在很久之前，某个人就伤害了你的感情，但你又很难忘记它。可是你必须学会原谅伤害过你的人，这也是交友的一种良好品质。

每个人都听过“既生瑜，何生亮”的感慨，看过《三国演义》的朋友也都知道，雄姿勃发的周瑜在和对手诸葛亮的较量中，被诸葛亮气得大叫一声，吐血而亡，徒留一场“诸葛亮吊孝”的假哭戏流传。仇视、愤恨对自己而言没有任何益处，只能在伤害自己的同时又令敌人拍手称快罢了。“如果为你的仇敌而让自己怒火中烧，烧伤的只会是你自己”。所以，耶稣在《圣经》中就鼓励人们“要爱你的仇人”，“爱你们的仇人，善待所有恨你们的人。诅咒你的人，你要为他祝福；凌辱你的人，你要为他祷告”。假如你用报复的手段对待对手，你会招致一个怎么样的后果呢？那将会让你的对手更坚定地站在你的对立面，去阻挠甚至破坏你的行动，破坏你创造出的一切成果；而你也会因心中充斥报复的愤怒无暇他顾，你的理想与目标就不会实现得那么容易。

如果你有与人结怨的习惯，那只能让你越来越难受，因为这并不是一种好品格。为了保持一颗健康的心灵和一个强健的体魄，为了实现你的理想与抱负，学会原谅那些曾经伤害过你的人吧。当他人损害了你的利益时，你应该用一颗宽容的心去对待他。只有这样，你自己的心灵才能得到解脱，与此同时，你的宽容也能拯救朋友堕落的灵魂。

有个叫迪斯的人，因为好友鲁克在自己公司的电脑上动了手脚，导致他损失了几十万美元，为此，迪斯的心中一直愤愤不平。虽然迪斯已经委托律师将鲁克送入牢房，但他觉得这样还远远不够。鲁克出狱以后，感觉非常对不起迪斯，就多次打电话向迪斯道歉。迪斯一听到是鲁克的声音，就不容分说地挂断电话。

当迪斯的妻子得知这件事后，就数次劝他应该宽宏大量一点儿，还说鲁克是一名电脑专家，对他的生意一直都很有帮助。经过深思，迪斯觉得妻子说得很有道理，但每次拿起电话时他心中就会想起损失的那几十万美元，又想到鲁克曾像只老鼠一样偷盗过那些钱，使他的生意差点儿全部垮掉，于是又放下了电话，只能长叹一口气，却无法选择原谅鲁克。

时间一天天过去，迪斯总是处于这种矛盾之中。他一会儿感觉应该原谅鲁克，毕竟他是名不错的电脑专家，也曾经帮助过自己；一会儿又想到，难道要原谅一个伤害过自己的人吗？不，坚决不行。直至一位心理医生告诉他：“你已经形成了一种心理障碍，这种障碍不但会妨碍你和鲁克的关系，也会妨碍你同他人的交往，你必须要积极地清除它。”

一天，迪斯终于鼓起了勇气，拿起电话给鲁克打了过去，告诉鲁克明天可以来办公室见他。次日，他们谈得非常顺利，迪斯还决定再次聘请鲁克到自己的公司工作。他对鲁克说：“我相信你不会再次辜负我。”后来，鲁克对迪斯的公司一直尽心尽责，使公司的生意也越来越红火，而他和迪斯的友谊也越来越牢固。两人在心理上也越走越近。

能够宽恕曾经伤害过你的人是消除痛苦的最好方法。宽恕不仅仅是一种慈悲，也是一种修养。宽恕之所以非常困难，是因为大家都认为，每个人都应该为自己所犯过的错误付出代价，这样才能符合公平正义的原则。但是不宽恕他人会产生什么结果或副作用呢？比如痛苦、埋怨、憎恶甚至报复等。这些结果值不值得你再次去承受，恐怕才是更重要的问题所在。

洪应明在他的《菜根谭》中有句话：“径路窄处，留一步与人行；滋味浓时，减三分让人尝。此是涉世的极乐法。”是呀，在道路狭窄的地方，就应该停下来让别人先行一步。只要心中时常存有这种想法，那么人的一生就会快乐安详。所以，走不过去的地方不妨退后一步，让对方先行走过，就是再宽阔的道路也要给别人提供三分便利。假如朋友未能满足自己的需求，或是有什么地方做了对不起自己的事情，切记不可怀恨在心。因为怨恨不仅会加深朋友之间的误会，影响到彼此之间的友情，而且还会扰乱你正常的思维方式，释放急躁情绪。凡事不妨换个角度想想，这样或许就能够理解朋友的所作所为，而你也能够得到心灵上的解脱，活得更为潇洒。

宽恕比憎恨更让人舒心

避免痛苦的最好的方法，就是宽恕曾经伤害过我们的人。宽恕不只是一种慈悲，也是一种修养，宽恕比憎恨他人更能让人舒心。

宽恕他人之所以不易，是因为很多人都觉得，每个人都应该为他所犯的错误付出代价，这样才符合公平正义的原则，不然岂不便宜了犯错的一方？可是不宽恕会产生什么样的结果或者副作用呢？如痛苦、埋怨、憎恶、报复，等等，值不值得再承受这些结果，恐怕是更重要的一个问题了。

有这样一个故事：关在集中营里的威森塔尔照例每天为德国人干活。有一天，他在休息时，一名护士向他走来，询问他是不是犹太人。在获得肯定的回答后，护士示意他跟她走。进了一栋大楼之后，来到一个房间。整个房间里除了一张白色小床和一张小桌之外，别无他物。护士伏在床边与床上的人嘀咕了几句，然后就出去了，只剩下威森塔尔和他两个人，而他是一名伤势严重的德国士兵，年仅21岁。当护士出去之后，床上的士兵让威森塔尔靠近，并拉住维森塔尔的手表示，自己马上就要死了。

“我知道，”床上的士兵说，“这个时候，成千上万的人都在死去，到处都有死亡，死亡既不罕见也不特别。可是，有一些经历老是在折磨着我，我实在想把它讲出来，否则我死也不得安宁。”

原来，这名将死的士兵是请那名护士去找一名犹太人来听自己死亡前的诉说，那名护士碰巧遇上了威森塔尔，此刻他注定就成了一个倾听者。

“我叫卡尔……志愿加入了党卫队……我必须把一些可怕的事情告诉你……一些非人的事。这是一年前发生的事情了……”

这名德国士兵到了波兰，经历了战争，也经历了残酷。然而，这次执行的是这样一个任务：把几百名犹太人赶进一栋三层的楼阁，并运来一卡车油桶，搬进屋子。锁上门之后，一挺机枪就对准了房门。

“我们被告知一切就绪，接到命令，让我们把手榴弹从窗户扔进屋去。……我们听到里面的人的惨叫声，看到火苗一层一层地吞没着他们……我们端起枪来，准备射击从火海里逃出来的人。……我看到二楼的窗户后边，有一个男人抱着一个小孩，这个男人的衣服正在燃烧。他身边站着一位妇女，毫无疑问是孩子的母亲。他用一只手紧捂着孩子的眼睛……随即他跳到了街上。紧随其后，那个孩子的母亲也跳到了街上。然后，其他窗户也有很多浑身着火的人跳了出去……我们开始开枪射击……子弹一排一排打了出去……”卡尔说。

此时，这名濒死的士兵用手捂着绷带覆盖着的眼睛，似乎想从脑海里抹去这些画面。但是这个画面永远也抹不去了，白天、夜里，乃至奄奄一息的现在，都不断浮现。“我知道我给你讲的那些事情是十分可怕的。在我等待死亡的漫漫长夜里，一次又一次地，我希望把这个事情讲给一名犹太人听，希望能得到他的宽恕。……要是没有悔罪……我就不能死，我一定得忏悔。但是我该怎样忏悔呢？只讲了一堆得不到应答的空话而已……”

威森塔尔后来说：“毫无疑问，他是指我的沉默不言。可是，我能说什么呢？”

这是一个濒死的人，一个不想成为凶手的凶手，一个在可怕意识形态的指导下成为凶手的士兵。他在向我这样一个人悔罪，而我这个倾听悔罪的人可能明天又会死在和他一样的凶手手里。所以，威森塔尔保持了沉默，自始至终只是充当了一个倾听者。那天晚上，那名士兵死了。

“我是否该满足这名濒死士兵的心愿呢?”威森塔尔自己拿不准这个问题。回来后，他和三个犹太同伴谈起了这件事，他们一致认为威森塔尔做得很对。但是自此以后，威森塔尔和那名士兵一样，脑子里老是出现一幅画面——那名头上缠满绷带的党卫队员。“我断绝了一位临终者最后的希望。我在这名濒死的纳粹身边保持沉默到底是对还是错? 这是一个非常难以处理的道德问题。这个问题曾经冲击着我的灵魂。”

1976 年，威森塔尔终于把这个纠缠了自己 30 年仍然没有确切答案的问题诉诸文字，让读者去解答。他在结束写作时，这样写道：“亲爱的朋友，你刚刚读完了我生命中这段让人忧伤的悲剧故事，你是否可以将心比心地、设身处地地从我的角度问一下你自己这样一个严酷的问题：‘我要是遇到这样的事情，会怎么做? ’”

人们在受到伤害时，容易产生两种不同的反应：一种是憎恨，另一种是宽恕。憎恨的情绪，使你一再地把自己浸泡在痛苦的深渊里，反复数落对方的不是，同时也不断地懊悔自己当初的各种不理智行为。不愉快的记忆，使我们不能从被伤害的阴影中平安归来，痛苦总是如影随形，我们也就不能放松和平静了。若憎恨的情绪持续在心里发酵，将会使生活逐渐失去秩序，甚至导致行为越来越极端，结果可想而知。

宽恕就不同了。宽恕必须经历从“怨怒伤痛”到“我认了”这样一个情绪转折，最后才认识到不宽恕的坏处，从而积极地去思考怎样谅解对方。很多心理分析家都承认，从被伤害→憎恨→平复→重修旧好的过程当中，都必须经历一些艰难的内心挣扎。

路易斯密德说：“在很久以前，也许有人伤害过你，而你却怎么也忘不了那件不愉快的往事，甚至到现在还痛苦不堪，那就表示你还将继续受着那个伤害。其实你是很无辜的，你要知道，你并不是世界上唯一有这种经历的人。赶快忘掉这个不愉快的记忆吧，只有宽恕他人才能释放你自己，让你松口气。”

宽恕他人，就是在善待自己。没完没了，不愿宽恕，除了不能释放对方，也可能使自己成为一个心灵被俘的囚犯。

原谅那些曾经对你犯过错的人吧，不是为了让自己更伟大，而是让世界更美丽。

宽恕别人，并不是一件很容易的事，宽恕伤害自己的人，则更难。也正因为这样，那些胸怀宽广的人，才会更受人尊敬。

宽容是一种美德，如果你能够对那些曾经仇恨的人以德报怨，用爱来化解仇恨，那么仇恨也会化成爱。当我们不断地用爱充满内心、包容他人，那么整个世界都将被爱所包容。

宽容是一种无声的教育

“海纳百川，有容乃大。”这是林则徐的一句名言。与人相处，多一分退让，就多一分益；吃一分亏，就多一分福。反之，存一分骄傲，就多一分耻辱；贪一分便宜，就招一次灾难。因此，我们说，君子总是会以宽容忍让为首要选择。

古代有位老禅师，有天晚上在禅院里散步，突见墙脚边有把椅子，他一看便知有出家人违反寺规越墙外出溜达了。老禅师也不言语，走到墙根，拿掉椅子，蹲在那里。一会儿，果真有一个小和尚翻墙，黑暗中踩着老禅师的脊背跳进了院子。当他双脚落地时，才发觉刚才踩的不是椅子，而是他的师父。小和尚顿时惊慌不已，瞠目结舌。但让小和尚意外的是，师父并没有严厉责备他，只是用平静的语调说：“夜深天气凉，快去多穿一件衣服在身上。”

宽容是一种无声的教育。老禅师宽容了他的弟子，他的弟子则开始更加尊敬师父。

心怀宽容能让你获得心灵的宁静，锱铢必较的人往往不仅不会得到更多，反而会失去更多。彝陵之役时有人揭发诸葛瑾里通蜀汉，孙权坚定地回答说：“我和诸葛子瑜，可以说是神交，非外人流言所能间构。”陆逊坐镇荆州抵抗蜀军，孙权复刻了一枚自己的印章交给他，将与蜀汉交往之事全权委任于他。

三国孙权恩信属下，用人不疑，不但会给属下更大的权威，也会给属下以更大的鼓励。美国心理学家罗杰斯说：“无条件的肯定会无限地激发一个人的潜力。”可以这样说，诸葛瑾与陆逊之所以能够为东吴开创盛业，与孙权的充分信任是分不开的。

有一位身材高大魁梧的人，他的脸非常黑，明显是太阳晒的。在他的脸上还残留着战场上的痕迹，他迈着坚实稳定的步伐走在库法市场上。有位商人看到他路过自己的商店，想显示一下自己搞笑的本领，就引他的伙伴们笑起来，并把一把垃圾投向那个过路人。但是这个过路人并没有因此而发怒，更没有朝这边瞅一眼，而是继续迈着稳健的步伐向前走去。当他走远之后，旁边的人问商人：“你知道你刚才侮辱的那个人叫什么吗?”

“从这里经过的人，每天都有成千上万，我哪有心思知道他叫什么? 他也只不过是路过这里的其中一个人罢了。难道你认识这个人?”

“你连他都不认识，太奇怪了。刚才走过去的这个人，就是有名的军队首领马力克·艾施图尔·纳哈尔。”他旁边的人对他说道。

“他是马力克·艾施图尔·纳哈尔? 就是那个不但敌人听到他的名字就四肢发抖，连狮子见到他都会心惊胆战的马力克吗? 是真的吗?”

“没错，就是他。”那个人说道。

“哎哟！我真该死啊，竟然做了这样的傻事，等到他回去后肯定会下令严厉地惩罚我的。我得赶紧去追他，向他求救，求他饶了我这一回。”商人吃惊地说。

说完，那位商人就朝着马力克走去的方向追去。但事情并非像他想象的那样，马力克并没有朝家中走，而是走进了清真寺。这位商人便跟着他来到清真寺。商人等他礼拜完之后，就来到他跟前低着头说：“很抱歉，刚才对你不礼貌的那个人就是我。”

但是，马力克却对这位商人说：“对真主发誓，以前我是不来清真寺的，但我看到你太无知、太迷误，无缘无故对过路人进行伤害。正是因为你，我才来这里的。我为你感到痛心，所以才来清真寺，想祈求真主让他引导你走正道。我并没有像你猜测的那样想对你严惩。”

积极乐观地对待生活的人，往往都是宽容的人。在遇到困难、面对危险的时候，他们能够遇变不惊，头脑冷静，凡事都能以大局为重。这样的人，才是真正值得我们尊敬和学习的。

做人要学会宽恕自己

宽恕他人是豁达，是大度，是“宰相肚里能撑船”；宽恕自己，也是一种积极的人生态度，是拨开乌云见晴天的解脱，是化悲痛为力量的灵丹妙药。一个能够宽恕自己的人，在经历风雨之后，一定会见到彩虹。

有些人一旦陷入困境，就经常用一种自我惩罚的方式来折磨自己，一味地自责、自恨、自卑、自弃，让自己沉陷于无法解脱的“危险旋涡”之中，把自己推上一条永远看不到光明的“死亡之路”。就如鲁迅先生《祝福》中的祥林嫂那样，孩子被狼叼走之后，她痛苦至极，精神恍惚，逢人便说：“我的阿毛……”事情已经发生了，再没完没了地自责、痛恨，对人对己都没有好处，不但于事无补，甚至使亲者痛、仇者快。正确的方法应该是尽快地解脱，化悲痛为力量，从中吸取教训，走好以后的路。这样，既是对死者的告慰，也是对生命的珍惜。

曾经看过这样一个故事——采访上帝。

我在梦中见到了上帝。

上帝问道：“你想采访我吗？”

我说：“我很想采访你，但不知道你是否有时间。”

上帝笑道：“我的时间是永恒的。你有什么问题吗？”

“你感到人类最奇怪的是什么？”

上帝答道——

“他们厌倦童年生活，急于长大，然后又渴望返老还童。

“他们牺牲自己的健康来换取金钱，然后又牺牲金钱来恢复健康。

“他们对未来充满忧虑，但却忘记了现在；于是他们既不生活于现在之中，也不生活于未来之中。

“他们活着的时候好像从不会死去，但是死去以后又好像从未活过……”

上帝握住我的手，我们沉默了片刻。

我问道：“作为上帝，你有什么生活经验想要告诉人们的吗？”

上帝笑着答道——

“他们应该知道不可能取悦于所有人。他们所能做的只是让自己被人所爱。

“他们应该知道，一生中最有价值的不是拥有什么东西，而是拥有什么人。

“他们应该知道，与他人攀比是不好的。

“他们应该知道，富的人并不拥有最多，而是需要最少。

“他们应该知道，要在所爱的人身上造成深度的创伤只要几秒钟，但是治疗创伤则要花几年的时间，甚至更长。

“他们应该学会宽恕别人。

“他们应该知道，有些人深深地爱着他们，但却不知道如何表达自己的感情。

“他们应该知道，金钱可以买到任何东西，却无法买到幸福。

“他们应该知道，两个人看同一个事物，会看出不同的东西。

“他们应该知道，得到别人的宽恕是不够的，他们也应当宽恕自己。

“他们应该知道，我始终存在。”

虽然这是一则小寓言，道理却非常深刻。无论对于别人还是对于自己，有一点是非常明确的：在他人身上造成深度创伤只要几秒钟，可是治疗创伤则要花上几年的时间。我们能够做到的，也最能够把握的，就是宽恕自己。

那么，怎样宽恕自己、抚慰心灵呢？一是把困境看作合乎自然的事情，是生活的一部分，是人人必须领取的“快餐”；二是相信天无绝人之路，“车到山前必有路”，“山重水复疑无路”之后一定就是“柳暗花明又一村”，每个人都会面临难题，每个难题都会得到解决，每个困难都有转机，相信“逆境不久”的真理，相信自己总会有路可走；三是要学会辩证地、全面地看问题，不要把境况看得那么坏，“塞翁失马，焉知非福”，要把遇到的不幸当成人生的宝贵经验，化为前进的动力；四是相信自己并非那么差，任何事情通过自己的努力，以后都会做得更好。

人的一生就如一道连绵不绝的山脉，翻过了一座又一座山，总是要不停地向前迈进；人的一生就像过沼泽，若迷途于泥泞的沼泽，苦苦挣扎，必然会被它吞噬，只有不断向前才会达到彼岸。一路上虽有坎坷与挑战，只要拥有执着的信念与宽阔的胸怀，学会释怀和谦让，人生就会充满迷人的鸟语花香。

面对讽刺与讥笑，应以宽容的心化解一切

为人处世中，度量直接影响人与人之间的关系能否和谐发展。人与人之间常常会发生矛盾，有的是因为认识水平的不同，有的只是一时的误解造成的。假如我们能用宽容的度量谅解别人，就能够赢得时间，使矛盾得以缓和；相反，假如度量不大，那么即便是芝麻大的一点儿小事，相互之间也会锱铢必较，争吵不断，结果既损伤了感情，又影响了友情。在这个世界上，我们各自走自己的人生之路，熙熙攘攘，难免会有碰撞，心地最善良的人也难免有伤害他

人的时候。朋友背弃了我们，父母责备了我们，或爱人抛弃了我们，都会伤害到我们的心灵。

18 世纪的法国，科学家普鲁斯特同贝索勒是一对论敌。他们围绕定比定律争论了 9 年时间，他们都坚持自己的观点，互不相让。最后的结果是普鲁斯特成了定比这一科学定律的发明者，他获得了胜利。

但普鲁斯特并未因此而忘乎所以。他真诚地对和他激烈争论了 9 年之久的对手贝索勒说：“如果不是你一次次的责难，我是很难将定律研究下去的。”与此同时，普鲁斯特特意向众人宣告，定比定律的发现有一半功劳应归功于贝索勒，是他们共同促使了定律的诞生。

因为在普鲁斯特看来，贝索勒的责难与激烈的批评，对他的研究是难得的激励，是贝索勒在督促他完善自己。这正符合自然界中“只因为有狼，鹿才会奔跑得更快”的道理。

科学家普鲁斯特是宽容而明智的，他接受别人的反对，不在乎他人的态度，能够看到他人的长处，善于从他人身上汲取营养，肯定和承认别人对自己的帮助。他的成功，同他善于包容和吸纳他人的意见是分不开的。

普鲁斯特的宽容的确让人感动，联想到眼下科学界中屡见不鲜的互相诋毁、打压排挤、争名夺利等文人相轻现象，不禁让正直的人倍感寒心。

天文学家第谷和科普勒之间的友谊就如同一曲优美的宽容之歌，读来让人为之心动。

科普勒是 16 世纪德国的天文学家，在年轻尚未成名时，曾写过一本有关天体的小册子，深为当时著名的天文学家第谷所赏识。当时第谷正在布拉格开展天文学的研究，第谷诚挚地邀请素不相识的科普勒和他一起合作研究天文学。

接到邀请后，科普勒很兴奋，急忙携妻带女赶往布拉格。没料想贫寒的科普勒在途中病倒了。第谷得知消息赶忙寄钱救急，使科普勒渡过了难关。后来由于妻子的原因，科普勒与第谷产生了误解，又因为没有马上得到国王的接见，科普勒无端猜想是第谷在使坏，写了一封信把第谷谩骂一番后就不辞而别。第谷其实也是个脾气很坏的人，但受此侮辱却显得出奇的平静。他太喜欢科普勒了，认定他在天文学研究方面的发展将会前途无量。他马上嘱咐秘书赶紧给科普勒写信说明原因，并且代表国王诚恳地邀请他再次回来。

第谷的博大胸怀感动了科普勒，他重新与第谷合作，但合作不久第谷便重病不起。在临终前，第谷将自己毕生的研究资料和底稿都交给了科普勒。这种无言的信任让科普勒大为感动。为告慰第谷的在天之灵，科普勒后来根据这些资料整理出了著名的《路德福天文传》。

第谷浩瀚如海洋般的宽容情怀，使他为科学史留下了一段人性光辉的佳话。这种宽容如同雨后的万里晴空，一尘不染，清新辽阔。

面对仇人，我们的内心会被愤怒充溢着，这就等于给他们以制胜的力量，那力量会妨碍我们的睡眠、我们的肠胃、我们的健康，包括我们的快乐。如果我们的仇人知道他们这样令我们苦恼，令我们一心报复的话，他们肯定非常高兴。我们心中的恨意完全不会伤害到他们，却会使我们的生活陷入地狱。

堵住痛苦回忆激流的唯一办法，就是学会宽恕。这是哲学家汉纳克·阿里德指出的。1983 年 12 月，有一天，教皇保罗二世宽恕了刺杀他的凶手 M. A. 阿格卡。对普通的人而言，宽恕别人是一件很难的事情。一般人认为，宽容伤害者基本上不合自然法规。我们的是非感也告诉我们，人们必须为他所做事情的后果承担责任。但是宽恕能够带来治疗内心创伤的奇迹，能使朋友之间去掉嫌隙，相互原谅。

每当我们受到不公平的待遇和极深的心灵创伤之后，都会对伤害者产生怨恨情绪。一位妇女诅咒她的前夫和新妻的生活过得艰难穷苦，一位男子诅咒那位出卖他的朋友被解雇。怨恨是一种被动的、具有侵袭性的东西，它就像一个化了脓而不断变大的肿瘤，使我们失去了快乐，损害了身体。怨恨还更多地危害了怨恨者本人，而并非被仇恨者。所以，我们必须切除怨恨的肿瘤，这也是为了我们自己。

也许有人说，宽恕是懦弱的表现，其实这是不对的。冤冤相报难以抚平心中的伤痕，它只能将伤害者与被伤害者捆绑在永无休止的“怨恨战车”上。一旦当事双方被绑在“怨恨战车”上，仇恨之火就无熄灭的可能，甚至在矛盾进一步激化时，做出悔恨终生的事情来。

“我们最终必须与我们的仇敌和解，以免我们双方都死于仇恨的恶性循环之中。”这是在第二次世界大战后科学家勒候德·列布赫说过的一句格言。

在同一联盟内部，宽恕是解决内部矛盾的有效方法；对志趣相投的群体而言，要想取得事业上的共同成功，唯有不断地宽恕。

永远不要去试图报复自己的仇人。因为我们如果那样做的话，也同样会深深地伤害自己。让我们像艾森豪威尔将军那样，不去浪费一分钟时间去想那些自己压根儿就不喜欢的人。把精力和感情白白地耗费在自己不喜欢的人身上，是人生最不值得的一件事。

第三章

善待他人，就是善待自己

为别人着想，就是为自己的未来着想

一位富翁忧心忡忡地来到教堂祈祷之后，他去请教牧师。

“我虽然有了金钱，但我感觉我并不幸福，我甚至不知道我应该用我的金钱做些什么，它能买来欢乐和幸福吗?”

牧师让他站在窗前，看外面的街上，问他看到了什么，富翁说：“来来往往的人群，多么美妙啊！”

牧师又把一面很大的镜子放在他面前，问他看到了什么，他说：“我看到了我自己，我很沉闷。”

牧师道：“是啊，窗户和镜子都是玻璃制作的，不同的是镜子上镀了一层银粉，单纯的玻璃让你看到了别人，也看到了美丽的世界，没有什么阻拦你的视线，而镀上银粉的玻璃只能让你看到你自己。是金钱阻拦了你心灵的眼睛，你守着你的财富，像守着一个封闭的世界。”

富翁得到了启示，就尽可能地去资助那些有困难的人，把自己的仁爱带给他人，而得到帮助的人则用无尽的感激和祝福报答他。富翁从中不断地得到欢乐，心情也变得开朗了。

心灵的眼睛一旦被金钱所蒙蔽，那么就只能看见自己而看不见别人，这样心中当然没有欢乐了。

美国著名的舞蹈家邓肯有一段话说得十分深刻：“一个被称为自

私自利的人，并非只因为他寻找自己的利益，而在于他经常忽视别人的利益。”

一个人人品的高下或者是否真正为别人着想，经常可以从一些不经意的小事看出。能否“替别人着想”，经常体现在日常生活的细微之处。马路上有一块石头，肯替别人着想，就会随手将它捡到一边，免得行人被绊，或汽车碰到时伤人。进出玻璃弹簧门，在推门之后，看看后面有无人跟进，如有，则挡一挡门，免得后来人被撞。坐电梯时，挡住门，等等后上的人……这些都是举手之劳的小事，但往往从这些小事，能看出你是否肯替别人着想。

明朝的吕坤把“肯替别人着想”视为“第一等学问”，是因为要真正做到这一点，不是懂得一些所谓为人处世的技巧或窍门就能做到的。这是真品行、真性情，是任何技巧都代替不了的。有钱人会善心大发，捐一所大楼或一笔巨款；政客会蹲下身子，去亲吻一个贫穷的孩子。但他们是真正在“替别人着想”，还是在“表演”？明眼人是会看得出来的。

“肯替别人着想”，是道德品质中最伟大、最宝贵的原则之一。有着高尚品质的人，总会在与人交往中，体现出他处处“肯替别人着想”的细心、耐心、关心、爱心和尊重。

但世人偏偏都要求别人为自己着想，真正能为别人着想者寥寥无几。请看一则寓言。上帝委派两个天使提着篮子来到人间，收集世人的祷告。一个负责收集世人祈求的事情，另一个则负责收集人们的感恩。祈求的篮子一下子就装得满满的，天使忙碌地将这些祈求带到上帝的面前；而另外一个收集感恩的天使，跑到天黑，一个篮子都还没有装满。

人们在陷于困境时，常常会想起上帝，希望得到外力的帮助。人们向上帝祈求的多、许愿的多，但是还愿感恩的却不多。

为别人着想的人，是高尚的人，更是聪明的人。你为别人着想，别人也就会为你着想，假如人人都如此，天空该有多明亮。

去欣赏别人，而非挑剔别人

人，本来就是不完美的，也只有不完美的人才是真实的人。我们要承认自己和别人都不完美，才会欣赏别人，同时也会欣赏自己。人要活在欣赏之中，而非活在挑剔之中。欣赏是一种美，挑剔则是一种丑，这是智者对生活的感悟。

有句德国谚语是这样说的："好嫉妒的人会因邻居的身体发福而越发憔悴。"这是很有道理的。为什么这样讲呢？因为嫉妒的人总会拿别人的优点来折磨自己。别人年轻他嫉妒，别人相貌好他嫉妒，别人身材棒他嫉妒，别人风度翩翩他嫉妒，别人有学问他嫉妒，别人富足他嫉妒，别人学历高他嫉妒，总之什么都嫉妒。

自大是好嫉妒之人的明显特征。因为他自大，所以想高人一等，也就容不下比他强的人。看到周围的人有超过自己的地方，要么想办法去贬低，要么设下陷阱去坑害对方。好嫉妒的人肯定自私，自私的人一定嫉妒。嫉妒和自私犹如一对双胞胎。

"嫉妒乃万恶之源，怀有嫉妒心的人不会有一点同情心。""嫉妒者爱己胜于爱人。"法国作家拉罗什弗科这样说过。因为心怀嫉妒，他不想别人比自己优越；因为内心自私，他总想剥夺别人的优越。好嫉妒的人从不会为别人说好话。好嫉妒的人因为容不下别人的长处，因此他就通过说别人的坏话，来得到一种心理上的满足。好嫉妒的人不会有朋友，因为他容不下别人的优点，而每个人都有自己的优点，所以他就以冷漠的目光注视别人，把所有人都视为自己的敌人。

善于欣赏别人的所作所为而不是去挑剔的人，才是高明之人，智慧之人。"作为一个经营者，如果总感觉员工这里不行、那里不好，用鸡蛋里挑骨头的态度来观察部属，不但部属不能好好做事，时间长了，他会发现周围没有一个可用之人。"日本企业家松下幸之助这样说。

假如你想保持快乐的心境，去除心中的自责和苦闷，就要学会不挑剔别人，也不去挑剔自己。古人说“严于律己，宽以待人”，这是正确的。但如果在办完一件事之后，就挑剔自己，后悔没有把它做得十全十美，那就不正确了。挑剔自己会使你变得爱钻牛角尖，苛求自己，情绪不高，精神忧郁。同样的道理，挑剔别人也不会让你的心情愉悦。

“心若无事，万法不生，意绝玄机，纤尘何立？”唐朝盘山宝积禅师如是说。你心中的烦恼，其实全都是你自己惹出来的，只要你不那样想，抱着欣赏一切的态度去生活，一切自然圆融，这时你才能感受到身边到处都是美好的事物。

不可用放大镜看别人

对他人不够完美的地方，我们总是喜欢用放大镜来审视，可是对于自身的缺点，又喜欢用望远镜来看，仿佛它根本不存在一样。其实，你能这么对自己，为何不能如此对别人呢？

一个生活在海边的人，有一天在海滩散步时，非常幸运地拾到一颗天然珍珠，这让他非常高兴。但是，经过仔细观察以后，他的幸福感一下子就消失了很多，因为这颗珍珠并不是完美无缺的，在它晶莹剔透的表面有一个小斑点。于是他想，如果这颗珍珠没有这个斑点，那将是多么的完美啊！

这时，他突发奇想，要是将这颗珍珠剥去一层，也许就能去掉这个斑点了。犹豫了半天，他终于狠了狠心，开始动手剥掉了珍珠的表层。可是剥完这一层，斑点还在，而且显得更刺眼了。于是，他继续动手一层层剥下去。终于，斑点彻底消失了，但是，他手上的珍珠也一并消失了。

这颗珍珠的消失对这个人的打击很大，为此他竟一病不起，吃什么药都不管用。他知道，病在自己心里。当生命快要结束时，他伤感地对家人说：“那个斑点只是珍珠的一小部分，假如我当时忽略掉那个斑点，现在我手里还会握着一颗美丽的珍珠！”

俗话说“金无足赤，人无完人”，生活中不可能有绝对完美的人或事。追求完美没有错，因为只有精益求精才能不断向前，但如果苛求完美，人不仅会活得很累，还可能会适得其反。有些人坚持完美主义，他们对那个永远都不可能实现的目标孜孜以求，他们的身体累，心更累。可是不管他们多么执着与努力，到最后，完美主义的泡沫还是要破灭的。追求完美是一件非常痛苦的事，它会像毒药一样侵蚀着人的心灵，让人只能看到别人的缺点，从而使我们身边的矛盾不断。要知道，在这个世界上根本就没有完美的人，这就要求我们学会担待和容忍。

有一位伟大的雕刻家是个非常苛刻的完美主义者，他所完成的雕像几乎让人难辨真假。有一天，死亡之神告诉雕刻家：你的死亡时刻即将来到。

这位雕刻家十分伤心，他和所有人一样，也非常害怕死亡。他最大的遗憾，是此生还没有创造出一个最完美的雕像作品。苦思冥想了很久，最后他终于想到一个好方法，他做了11个和自己一样的雕像。当死神来敲门时，他藏在那11个雕像之间，屏住了呼吸。

此时，死神感到非常困惑，因为他看到了12个一模一样的人。他简直无法相信自己的眼睛，以前可从未发生过这种事情。他从没听说过上帝会造出两个完全一样的人，这个世界上每一个人都是独一无二的。这究竟是怎么回事呢？死神反复看着这12个人，始终无法确定自己该带走哪一个。

死神带着困惑，回去问上帝：“你到底做了什么？居然会有12个一模一样的人，但是我只能带回来一个，我应该怎样选择啊？”

上帝微笑着将死神叫到身旁，在他耳旁轻声说了一句话。

死神问道：“真的有用吗？”

上帝回答：“别担心，你试后便知。”

死神就半信半疑地来到那位雕刻家的房间，往四周看了看说：“先生，一切都十分完美，只是我发现还有一点儿小瑕疵。”

闻听此言，追求完美的雕刻家完全忘记了自己的处境，立即跳了出来，急问道："你快说！哪里有瑕疵？有什么瑕疵？"

这时，死神一把揪住雕刻家，笑道："我终于抓住你了，这就是瑕疵——你太苛求完美了。天堂里都没有完美的东西，何况是人间呢？走吧，你的死期到了。"

有位哲人说，完美是毒。可以说，在这个世界上没有绝对完美的人或事，一个过分追求完美的人，他的人生将注定充满着失落与叹息。一个毕生追求完美生活的人，常常会被生活所愚弄。只有用一颗包容的心来对待生活，生活才能接近完美。宽容地生活就犹如在负担过重而前进时给车胎打气一样，是为了顺利地奔向终点，可是在遇到隧道的时候，就应该学会给车胎放些气，低一下头才能安全通过。遗憾的是，依然有一些不懂打气或放气的驾驶员，即使驾车的技术很高超，也难免会遇到紧急情况，在人生的道路上不断翻车。

不要总认为别人不对

不要总以为自己什么都对，也不要总以为别人什么都不对。当你每天都在责怪身边的所有人，而又固执地认为自己得不到他人的理解或帮助时，你就得好好反思一下自己了。因为，问题很有可能就出在你自己身上。

一只猫头鹰住在树林里，它是夜里最活跃的鸟。照理说，猫头鹰平时以捕捉鼠类或者其他小动物为食，它应该得到人类的赞扬才合乎常理，而且和人类应该成为和睦的好邻居。但是住在这片树林附近的人类，却并不欢迎猫头鹰作为他们的邻居，因为人们很讨厌猫头鹰刺耳难听的叫声。尤其是到了夜里，人类偶然外出，经过林子的附近，总会听见猫头鹰的几声怪叫，吓得路过的人浑身汗毛倒竖，额头直冒冷汗。人类想尽一切办法驱赶猫头鹰，因为他们已经忍无可忍了。

猫头鹰见人类不喜欢它动听的歌声，就伤心地从这里挪到那里，可不管挪到哪儿，它仍旧会遭到人类的驱赶和责骂。猫头鹰变得十分伤心，它心里想：这里的人实在很刻薄，我必须要搬得远远的。下定决心的猫头鹰毅然行动起来，它竭尽所能地向远处飞去，飞了几天几夜后，就累得精疲力竭，直到再也飞不动了才肯花一点儿时间在途中的林子里歇一下。

几天过后，猫头鹰看起来既沮丧又疲惫。一只麻雀见了，感觉很奇怪，“看你都累成这个样子了，干吗还要拼命飞？你这是要去干什么呢？”麻雀诧异地问猫头鹰。

“我想搬到很远很远的地方去。”猫头鹰打起精神坚定地说。

“为什么呢？”麻雀不解地又看了看猫头鹰问。

“这儿的人类实在很难处，他们都很讨厌我，无论我如何搬家，人类都要在背地里说我的坏话，说我的声音不好听。所以我实在是待不下去了，非搬家不可！我已下定决心，要搬到遥远的地方去，能离这里多远就离多远！”猫头鹰叹了叹气回答道。

麻雀这才明白过来，笑着说道：“你认为搬家就能彻底解决这个问题吗？不过在我看来，不管你搬到哪个地方，面临的结果都将是一样的。”

“那是为什么呢？难道说我离开人类还不行吗？难道说还有其他什么动物来嘲笑我吗？”猫头鹰问。因为它不理解麻雀的话是什么意思，以为麻雀也是来嘲笑它的。

“这道理不是很明显吗？其实，你唱歌的声音实在很聒噪，确实让人不敢恭维。尤其到了晚上，你刺耳的声音总会扰人清梦，自然也就成了大家的公敌。事实上，你只要把声音稍微改动一下，在夜晚的时候闭上你的嘴巴，那么你还是能在这片森林里住下来的。如果你不想改变你那难听的声音，即使你搬到遥远的地方，同样会受到那里人的责骂，你同样也不会受欢迎。”麻雀语重心长地向猫头鹰解释。

猫头鹰并不相信麻雀的话，它始终觉得不是自己的错，只知道人类对它很刻薄，这才驱逐它。它想在没有人烟的地方安家。于是，猫头鹰继续向原先居住地相反的方向飞去。结果就像麻雀所说的那样，猫头鹰每到一个地方，都会受到人类的责骂和驱赶。

那些认为整个世界都错了的人，极可能错在自身。假如受到了身边所有人的指责，而且指责的焦点都是同一个问题，那么极有可能你就是错的。这个时候，如果逆众而行，那么你不论走到哪里，人们都会拒绝你的错误理论。因此，当受到来自大家的反对和排斥，或者有不同的声音时，就不要再一味抱怨他人了，而是应该先反省一下自己，这样才会有所改观。

尝试理解别人的行为

如果我们希望得到别人的理解和宽容，不妨先尝试去理解和宽容别人的行为。事实证明，这是一种最有效的方法。

交流的前提是理解，是情感共鸣的能力。理解他人有助于更好地体会到对方的情感和处境，与他人建立更深厚的情感。如果希望得到对方的帮助，与其责备或抱怨，不如宽容与理解。

有位叫丽莎的女士，请了几个关系很好的商界朋友一起吃午饭，这种社交场合对她而言非常重要。朋友塞斯一向是她的得力助手，他帮助丽莎完成了许多社交工作，但这一次，丽莎对他的表现很失望。

丽莎到处都找不到塞斯的影子，他只派了个一般的侍者来招待她的这些朋友，所以宴会进行得很失败。因为侍者技术的问题，每次上菜时，那些看起来很好的菜肴都是最后才端给丽莎的客人们。更让人匪夷所思的是，在一道菜里面，他竟在一个很大的盘子内放上了一棵很小的芹菜，那盘菜里的肉没有煮烂，而且马铃薯也非常油腻。对此丽莎很生气，但是为了能让宴会顺利进行下去，丽莎一直强忍火气，从头到尾都是强颜欢笑。“等宴会结束见到塞斯的时候，我一定要好好教训教训他。”丽莎在心里不断对自己说。

宴会是在星期一举行的，幸运的是，到了第二天晚上，丽莎听了一节有关为人处世的课。听完课后丽莎才发现，即使自己狠狠地教训塞斯一顿也不会有什么实质性的作用，而且他还会因为自己被批评而变得不开心，选择跟自己对着干，这样的话反倒会让自己失去一个得力的助手。于是丽莎尝试着站在塞斯的立场来看待这件事：那些菜并非他去买的，当然更不是他亲自烧的，主要是他的那些手下太笨了，这个问题谁也没有什么办法。或许是自己的要求过于严厉，火气也大了点儿，塞斯本身并未犯什么错误。想到这里，丽莎非但不准备责备塞斯，反而决定以一种赞扬的方式作为他们之间谈话的开场白。到了第三天，丽莎如期见到塞斯，很显然他做好了吵架的心理准备，丽莎可以从他的表情上看出，塞斯是要和她大干一场的。

丽莎开口说："哦，塞斯，今天我想让你知道，那天我在宴请宾客的时候，你如果能在场，我相信那场宴会将会更完美，你对我而言有多重要我非常明白。我相信你是个不错的帮手。我也很理解你，那些菜不是你买的，也不是你烧的。所以星期一发生的事情你也没有办法去挽回，这并非你的错。"当丽莎说完这些话时，塞斯的表情开始渐渐地放松了。"的确，夫人，那些问题出在厨房，并不是我的错。"塞斯微笑着说。

"塞斯，过几天，我将安排一些其他的宴会，因为经验不足，我需要你的建议。你认为我们是否应该再给厨房一次改正的机会呢?"丽莎继续说。

"完全可以。丽莎夫人，我向您保证，上次宴会的情形肯定不会再次出现。"塞斯连忙保证。

到了丽莎再次请人赴宴的那天，塞斯很是积极，他和丽莎一起安排宴会的菜单。让丽莎更为吃惊的是，这次他主动提出把服务费减少一半。当丽莎和客人到达餐厅的时候，那个餐桌被两打美国玫瑰装扮得非常漂亮，宾客们都非常吃惊，也很高兴。当然这次塞斯亲自在场打理一切宴会的相关事宜。这次的服务很完美，食物也很精美，且富有特色。

到了宴会散席的时候，丽莎的客人们说：“我们第一次见到这么周到的服务。真是太谢谢了！”

在这个故事中，丽莎的聪明之处，就在于当她知道塞斯的错误时，能控制好自己的情绪，尝试理解塞斯的行为，暂时用一种隐让的态度面对塞斯的过失，这样做不仅为塞斯保全了面子，也留给塞斯一个思考问题的时间，两人之间矛盾爆发的可能性就变得非常小，“战争”被避免了。除此之外，丽莎虽然知道宴会的不成功是塞斯造成的，仍能够站在塞斯的立场上替他着想。丽莎把忍让进行到底，最终不但化解了矛盾，让塞斯意识到自己的错误，还赢得了塞斯的好感，为日后的顺利合作奠定了良好的基础。

很多人之所以总和别人产生激烈的矛盾，原因就在于这些人不知道在矛盾爆发之前去理解别人，不愿意从他人的角度出发考虑问题。其实，有些问题在刚开始的时候并没有它表现出来的那么严重，只不过矛盾的双方都因没有采取理解对方的态度，所以一些不该发生的矛盾发生了，原本程度相当低的矛盾变得很严重。

在生活中，随时以一种理解的态度面对别人的错误，不仅可以降低矛盾的发生，更为重要的是，在矛盾发生时，理解别人的行为也会让我们心态更加平和。

要发自内心地感激朋友的帮助

在日常人际交往中，很多人都认为朋友的帮助是理所应当的，以为既然是自己的朋友，就应当为自己两肋插刀。但是，假如你转换一下思考方式就会发现，这其实是人际交往中的误区，因为朋友没有义务帮你，帮你只是出于他的意愿，不帮你也是很正常的。所以，对朋友的帮助，我们一定要心存感激。

古罗马众神决定举行一次欢迎会，邀请全体美德之神参加。真、善、美、诚全到，包括各大小美德神都应邀出席，他们相处和睦，友好地讨论着，玩得很高兴。

但是主神发现，有两位客人互相回避不肯接近。主神向信使神说明了这一情况，要他去瞧瞧这是怎么回事。信使神马上将这两位客人带到了一起，并给他们做了介绍。

信使神问："你们两个以前从未见过面吗？"

一位客人说："我叫慷慨。我们从来没有见过。"

另一位客人说："我叫感激。久仰，久仰！"

就像这个故事所揭示的，生活中慷慨的行为总是很难得到真诚的感激。其实我们每个人每天的生活都在依赖着他人的奉献，只是很少有人会想到这一点而已。

美国曾经有一位杰出的软件师告诉他的朋友，他非常喜欢中国的女孩子。他说，西方女性把男士们的绅士行为视作理所当然的事情。男士们帮女士提东西、搬重物、开门和拉椅子都是理所当然的。而在西方的教育下，他们男士也把这些绅士行为看作是理所当然。但一件事让他改变了以前的看法。

一次他们公司扩大营运，他们部门要从 10 楼搬到 8 楼，每个人都需要把自己的东西和桌椅搬下去。当这位美国的软件师搬一把椅子时，发现挺沉的，他担心一个女孩子搬不动它。于是他告诉那位中国女孩，还是把椅子交给他们有力气的男同事搬比较好。

结果一路下来，女同事都陪他们聊天，男同事搬好后，女同事还忙着倒开水、泡咖啡给男同事喝。

"在我们国家里，搬运重物理所当然是男人的事，没人会陪你聊天，没人会感激地倒开水、泡咖啡。也许是中国人缺乏这个观念，但是中国女孩体恤别人的作风，非常可爱。我们帮她们，不但很乐意，而且还很开心。这种受人尊重的感觉真好。"他后来讲道。

大多数时候，我们都会把别人对自己的帮助视为理所当然，朋友乐于和我们接触，一些小事当然帮得十分痛快。但谁都不愿看到自己付出的好心没有好报，一次两次也许还能忍受，次数多了逐渐就会用光朋友的交情。那时候我们才会发现，朋友似乎不再那么乐意帮助自己了。

或者有人会说，找朋友帮个忙，若再给几个钱，请他们吃顿饭，或者送点小礼物的话，好像就把友情贬低了，把朋友的交情看俗了。

这种观点其实是错误的。适度地表达我们的感激是有必要的。也许我们不知道比较高尚的做法，吃个饭、送个小礼品，也仅能表达我们万分之一的感谢。但它的作用不在于行动本身，而在于心意的表达。不管对方是否接受我们的感激，重要的是我们说出来了，对方也知道我们有多感激他的帮助。

“巧诈”不如“拙诚”

为人固然不能玩世不恭、游戏人生，但也不能太过较真、认死理。太过认真，就会什么都看不惯，连一个朋友都难容下，将自己隔绝于现实世界之外。

信出于诚，不诚则无信，是为诚信。诚信不仅是我们每个人所应遵从的最基本的道德规范，也是处理好人际关系的一大准则。只有诚信待人，才能感动他人，而说话言而无信，到处欺骗别人的人，即便是在自己的家门口，也会举步维艰。

诚信无价，这是人际关系和商业行为中的至上原则。缺乏诚实，人们很难再相信你；缺乏诚实，社会也将抛弃你。“诚实如金”的格言，是人生永远的财富。

俗话说“巧诈不如拙诚”。“巧诈”是指心怀鬼胎，有目的、有意图地表现出某些能够吸引人、迷惑人的假象，是自认为聪明的奸诈之举。这乍看起来，灵活机动，擅长应变，也容易抓住别人的心，好像是聪明人的做法。其实，这种做法只适用于一次性的交往，因为时间长久了，人们就会认清巧诈之人的真面目。

无论做生意还是交朋友，都不能用巧诈的手段。虽然巧诈有时能够欺瞒住对方，进而达到获取利益的目的，但是，最终的结果，往往会搬起石头砸自己的脚，只会弄巧成拙。

无论你和谁打交道，相处的时间长了，别人就会知道你的所作所为是欺瞒哄骗之举，是经不起考验的，总有一天你会露出破绽，被人识破。鬼把戏被人戳穿以后，便会失去别人对你的信赖，更会被朋友们唾弃，非但无法获利，最终反而会遭到更大的损失。

而“拙诚”则是指心中不存恶念，诚心诚意地干事，或许有时言行举止略显愚直拙笨，但却不欺瞒别人。这种做法的缺点，在于不能马上抓住别人的心。也许在刚开始的时候，别人不了解你，甚至会误解你，但时间长了，就会起到“路遥知马力，日久见人心”的效果。

东汉时，汝南郡的张劭和山阳郡的范式同在京城洛阳读书。当学业结束分手时，张劭站在路边，望着天空的大雁说：“今日分别，不知何时才能相见……”这样说着，泪就流了下来。范式忙拉着他的手劝道：“兄台，不用悲伤，后年秋天，我一定前去你家拜望老人，与你相聚。”

相别两年后的秋天，张劭偶闻长空一声雁鸣，引发了情思，赶忙回到屋里对母亲说：“母亲，刚才我听到长空雁鸣，范式要来了，我们准备一下吧！”他母亲摇头叹息说：“傻儿子，山阳郡距此一千多里，他如何能来？”张劭回答说：“范式为人正直、诚恳，很守信用，他肯定会来。”老母亲只好说：“好吧，他会来的，我去准备酒菜就是。”事实上，老人一点儿也不相信，只是怕儿子伤心罢了。

范式果真是个守信的人，在约定的日子风尘仆仆地赶到了张家。旧友重逢，两人非常亲热。老母亲激动得站在一旁直抹泪，感叹地说：“天下真有这样讲信用的朋友！”范式重信守诺的好名声，从此广为人知。

大学问家顾炎武曾以诗言志：“生来一诺比黄金，那肯风尘负此心。”用以表达自己坚守信用的处世态度和内在品格。守信用，讲信义，不仅是在尊重别人，更是在尊重我们自己。

俗话说：“人无信而不立。”诚信是我们的为人之本，它与狡诈、欺骗和虚伪是天生的对头。诚实也是成功的保证。很多人相信欺骗、说谎是一种有利的勾当，他们认为欺骗的手段是很值得使用的。其实不然，说谎是一件很累人的事儿，一位哲人就这样说过："一旦撒了一个谎，就需要有很好的记忆全力把它记住。"想一想，这多累啊！撒了谎就要想方设法去圆谎，而谎话总会漏洞百出的。为了圆一个谎言，就需要说一个更大的谎。谎言就这样把撒谎者一步步逼上了不归之路。很多骗子也是这样从小骗变为大骗和巨骗的，最终会因触犯法律落得身败名裂的下场。马丁·路德就一针见血地说："谎言就像滚雪团，会越滚越大。"而这无法控制的雪团，总有一天会将说谎者彻底毁掉。

少说"恶语"，多讲"良言"

生活中，我们时常会遇到这种情况——一句诚实而有礼貌的话，可平息一场不愉快的争吵；一句粗野污秽的话，则可导致一场轩然大波。所谓"良言一句三冬暖，恶语伤人六月寒"，说的就是这个道理。有人说语言是思想的衣裳，谈吐是行动的双翼，它能够表现一个人的高雅，也能够表现一个人的粗俗。

众所周知，相声就是一门语言艺术。相声正是很好地运用了语言这种交流工具，巧妙地调动听众的情绪，让听者开心起来，大声笑起来，它足以说明善说与不善说的区别。很难想象一个人想什么就直接说什么能够演好相声。就像平时，话说得得体，不仅能体现出自身较高的素养，也可以让别人很舒服地接受你的观点或意见，使人愿意接受你。那种经常用恶语伤人的人，没人会喜欢。

有一个朋友过生日，请亲戚和朋友吃饭。他特意穿上之前去香港旅游时买的一件乳白色的蚕丝衬衫，自我感觉良好。酒宴刚开始，他高兴地向大家敬酒。结果一个朋友突然冒出了一句："兄弟，这衬衣可过时了啊！都什么年代的东西了？看，上面疙疙瘩瘩的是什么啊！"过生日的这个朋友听了脸色很是难看，好半天都说不出一句话。这时有人连忙站起来打圆场，对那个不会讲话的朋友说："你小子外行了吧！这可是蚕丝衬衫，价格贵着呢。而且这种衬衫不会起褶皱，无论多少年，照样和新的一样。”饭桌上的其他人也马上附和着，纷纷称赞主人的衬衫珍贵又漂亮。过生日的朋友开心地笑了。使这顿生日宴会又在欢乐的气氛中继续进行的，只是短短的几句话罢了。

刘备在《三国志·周群传》中被形容为“少须眉”。古时候，胡子和眉毛稀少，被认为是缺乏男子汉气概。刘备下巴上光秃秃的，可能跟太监长得有点儿像。

刚到西蜀时，刘备就嘲笑刘璋手下的官员张裕胡须茂盛，他说他以前住在涿县，那里的很多人都姓毛，而且散落四面八方居住，涿县县令就说“诸毛绕涿而居”。涿与啄谐音，指嘴唇的颜色，诸与猪同音。刘备的话是说“猪毛绕嘴居”，是在嘲笑张裕的嘴像多毛的猪嘴一样。

“以前有个人是做上党郡潞县的县令，后来升任至涿县令。离任后有人想写信给他，称呼他的官爵，写潞县就漏了涿县，写涿县就漏了潞县，干脆就称其为‘潞涿君’。”张裕马上反唇相讥道。

“露啄”和“潞涿”同音，这是嘲笑刘备嘴上没毛，下巴光光。刘备没能占到便宜，非常生气，但又不能发作，他将这口气忍在了心里。后来他赶走了刘璋，张裕成了自己的下属。一天刘备找了一个借口，将张裕杀了，诸葛亮求情也不行。

人人都能说寒暄话、客套话，但并非谁都会说。一不留神，也许你就踏入了言语的“雷区”，触到了对方的隐私和缺点，触犯了对方的忌讳，对听者造成一定的伤害。事实，每个人都有优点，亦有缺点，为人处世的成功，善于发现对方身上的优点是一个很重要的因素，赞赏对方的长处，而不是紧抓别人的隐私、痛处和缺点加以抨击。

所谓揭短，有时是故意为之，那是互相敌视的双方用作攻击对方的武器。揭短有时又是无意之举，那是因为某种原因一不小心犯了对方的忌讳。有心也好，无意也罢，在待人处世中揭人之短，就会伤害对方的自尊，重则导致友谊的破裂，就是轻的也会影响双方的感情。

明代开国皇帝朱元璋，出身贫寒，少年时就放牛，给有钱人家打工，甚至一度还为了果腹而出家为僧。但朱元璋却胸有大志，风云际会，终成一代霸主。

朱元璋当了皇帝以后，有一天，他儿时的一个穷伙伴来京求见。朱元璋很想见见旧日的老朋友，可又怕他讲出什么不中听的话来。犹豫再三，总不能让人说自己富贵了不念旧情吧，还是让传了进来。

那人知道朱元璋从小就是一个爱面子的人，于是一进大殿，即大礼下拜，高呼万岁，说："我主万岁！当年微臣随驾扫荡芦州府，打破罐州城。汤元帅在逃，拿住豆将军，红孩子当兵，多亏菜将军。"

朱元璋听他说得动听含蓄，心里很高兴，回想起当年大家饥寒交迫时有福同享、有难同当的情形，心情很激动，立即重重封赏了这个老朋友。

这还没完，因为这个人深知朱元璋的脾性，说话总是能够说到他的心里去，一直很得朱元璋的赏识，受益良多。

后来消息传出，另一个当年一块儿放牛的伙伴也找上门来，见到朱元璋，他高兴极了，生怕皇帝忘了自己，指手画脚地在金殿上说道："我主万岁！你不记得吗？那时候咱俩都给人家放牛，有一次我们在芦苇荡里，把偷来的豆子放在瓦罐里煮着吃，还没等煮熟，大家就抢着吃，把罐子都打破了，撒下一地的豆子，汤都泼在泥地里。你只顾从地下抓豆子吃，结果把红草根卡在喉咙里。还是我出的主意，叫你用一把青菜吞下，才把那红草根带进肚子里。"

朱元璋当上皇帝后，最大的心病就是怕人提起他卑微的过去，见这个儿时玩伴竟然当着文武百官的面这么说，"真命天子"朱元璋又气又恼，哭笑不得，只有喝令左右："哪里来的疯子，来人，快把他拖出去砍了！"

会说话的人可以凭借三寸不烂之舌升官发财，不会说话的人却因为言语不当遭到灭顶之灾。交谈中，习惯使用礼貌用语，就会给人一种“良言一句三冬暖”的感觉，使感情立即融洽起来。说话要看场合，要看“人头”，更要有分寸，最关键还要得体。用不卑不亢的态度说话，肢体语言要优雅，语言活泼俏皮而幽默……这些都是语言的艺术。你要想让自己的人生更成功，就要娴熟地使用这些语言艺术。

话不要说得太满太绝

因为气球内留有空间，便不会再因灌一些空气而爆炸；杯子余有空间，就不会因加入其他液体而溢出；说话留有余地，便不会因为意外而难以下台。

古人有云：“物极必反，否极泰来。”这话的意思，是说行不可至极，至极则无路可再行；言不能称绝对，称绝对则无理可再言。做任何事都要进一步而让三分。

不把话说得太满太绝，为人处世留有余地，是建立良好人际关系的一大策略。

一家公司新开发了一个项目，老板就将此事交给了属下小王，并问他有没有问题。

“放心吧，没问题！”小王拍着胸脯回答道。

可是一周过去了，老板问小王进展如何，小王才老实回答：“哦，我真没想到，这件事情这么难！”

老板虽然同意小王继续努力，但对他拍胸脯已有些反感。

如果小王不把话说得太满，是不会给自己带来这样的窘迫的。

无论做什么事，我们都应该注意不要把话说得太满太绝。

在做事方面，对别人的请托可以接受，但别用“保证”，而应代以“我会尽力的”、“我试试吧”等字眼。上级布置的任务当然要执行，但不能说“保证没问题”，应用“我一定尽力而为”之类的字眼。这是为了万一自己做不好而给自己留的后路。这样说其实也无损你的诚意，反倒更显你的谨慎，别人只会因此更信任你，即使事没做好，也不会对你大加责备。

在为人方面，与人交往时若出现意见分歧，切不可信口开河，更不要吐出“势不两立”之类的话。不管孰对孰错，最好是闭口不语，以便来日需要携手合作时还有“面子”。另外，不要太早对人下结论，最好不要说“这个人完蛋了”、“这个人一辈子都不会有出息”之类盖棺定论的话。

在说话的时候，我们一定要留点儿余地，不然就等于是不给自己留退路。不是成功就是失败的简单逻辑，已经不再适合当前这个复杂多变的社会，为此所要付出的代价，有时是你根本无法承受的。所以，与其同自己较劲，不如转变一下说话的方式，多用一些婉转的词语，给自己留点儿空间。

通常而言，使用不确定的词句，往往能降低人们的期望值。你若不能顺利地完成任务，人们原本就对你期望值不高，从而就会用理解来代替不满，或许他们还会因此而看到你的努力，不会全部否定你的成绩。你若能出色地完成任务，他们就会喜出望外。这种增值的喜悦，会给你带来更多的好处。

人生一世，万不可使某一事物沿着某一固定的方向发展到极端，而应在发展过程中充分认识其各种可能性，以便有足够的条件和回旋余地采取机动的应付措施。留余地，就是不把话说绝，不把事情做到极点，于情不偏激，于理不过头。这样，才会使自己得以最完美无损地保全。

据说李世民当了皇帝后，长孙氏被册封为皇后。当了皇后，地位变了，她考虑得更多了。她深知作为“国母”，其行为举止对皇上的影响相当大。因此，她处处注意约束自己，处处做嫔妃们的典范，从不把事情做过头。她不尚奢侈，吃穿用度，除了宫中按例发放的，不再有什么要求。她的儿子被立为太子，有好几次，太子的乳母向她反映，东宫供应的东西太少，不够用，希望能增加一些。她从不把资财任情挥霍，从不搞特殊化，对东宫的要求坚决不答应。

长孙皇后说："做太子最发愁的是德不立、名不扬，哪能光想着宫中缺什么东西呢？"她不干预朝中政事，尤其害怕她的亲戚以她的名义结成团伙，威胁李唐王朝的安全。李世民很敬重她，朝中赏罚大臣的事常跟她商量，但她从不表态，从不把自己看得特别重要。皇上要委她哥哥以重任，她坚决不同意。李世民不听，让长孙皇后的哥哥长孙无忌做了吏部尚书，皇后派人做哥哥的工作，让他上书辞职。李世民不得已，便答应授长孙无忌为开府仪同三司，皇后这才放了心。此后的朝政官任中，长孙无忌也经常受到皇后的教导，成为一代忠良。

长孙皇后得意时不把各种好处占全，不把所有功名占满，实在是很好地坚持了"为自己留余地"的天规。

把话说得太满，并不能和自信画上等号。话说七分满反倒是一种谦虚的人生哲学。从一人说话的态度，就能够看出他的自信。真正充满自信的人懂得谦卑，不会将话说得太满。不将话说得太满，就进可攻，退亦可守，这才是做人做事的成功之道。

心平气和地对待家人的争吵

美国理查德·卡尔森在他所著的《不要为琐事烦恼》一书中写道："没有任何一种争吵像兄弟姐妹之间的争吵那样更能够破坏家庭平静的了。任何一个人只要有过兄弟姐妹，就会明白我说的意思。"事实的确如此。

一旦你有了孩子之后，就难免会生气。你很爱你的孩子，也讨厌和他们生气。生活中许多父母总想要控制孩子的行为，但却缺乏鼓励他们顺从大人的技巧和耐心。

每当孩子们的言行激怒你的时候，你就应该养成这样的习惯：敢于面对自己的怒火，同时要控制住自己的情绪。如果你的孩子们将玩具扔得满地都是，而你说了很多遍要他们自己收拾干净。孩子们在接到你的"命令"之后，不是先去收拾玩具，而是开始互相争吵，甚至指责对方，都想让对方收拾。面对这样的情况，你不要对孩子们大吼大叫，而要告诉他们你的期待，希望他们能够采取行动："亲爱的孩子们，客厅内到处都是你们的玩具，先关掉电视，等玩具收拾好才能再看电视。"关掉电视机，就是给了他们一个机会。或许他们不会马上接受你的命令，开始整理玩具，但你必须保持冷静。等他们发觉你说话算话时，他们就会马上将玩具收拾起来。

还有一个容易让人生气的组合是：两个争吵的孩子加上一个正在打电话的家长。他们越吵声音就越大，而你快被气炸了。此时，你千万不能爆发，而是向他们解释一下你的感觉："宝贝们，我正在给别人打电话，我已经听不清楚对方讲的话了。我现在要去另一个房间把电话打完，等我回来的时候，希望你们能够解决问题。"

通常而言，父母看到孩子不肯听话时，就是亲子之间最易发脾气的时刻。常常发生这种状况的原因是孩子被别的事情吸引住了注意力。

由于这实在是让人生气，所以，你在给他们命令之前，先确定一下他们有没有在注意听。假如你的儿子要一边看电视一边做功课，而电视开着，肯定会影响到做作业。这时你要做的是：提醒自己的孩子，做功课要比看电视重要得多。切忌粗暴地走过去把电视关掉，并命令他马上去做功课，如果你能语气温和地给孩子讲道理，他肯定会理解你的意思，这样你也就能够避免生气了，孩子同样也不会生气。

假如你对孩子非常生气，首先要控制住想要尖叫和大吼的欲望，走进另一个房间，或是深吸一口气。这将会给你一个机会控制住激动的情绪，用更适当的方法来消除自己的怒气，以更好地解决问题。

但是，只要家中有两个或更多的孩子，他们的争吵就会是家庭中的家常便饭。面对孩子间的争吵，父母最好的做法就是能够心平气和地面对这种状况。这样说起来非常轻松，可要真正做到肯定很难。但你除了选择心平气和的方法以外，别无他法。

为什么要心平气和地看待孩子们的争吵呢？主要有两方面的原因。

一是当你为任何事情烦恼时，那件事情只会变得更糟糕。就比如说两个孩子在吵架，你愤怒之余也加入其中，甚至跟着大吼大叫起来。此时，你要面对的不仅仅是两个孩子的争吵，还要面对你自己的问题——激动不已的情绪，负面的思想因素，甚至是马上要升高的血压。当你为孩子间的争吵烦恼时，你就会发现自己永远都会有生不完的气了。而当你能理解不要对家庭琐事太在意的道理以后，这些争吵自然就不会存在。

二是当你为孩子之间的争吵而烦恼时，你等于是在变相鼓励更多的争吵。从某个角度来讲，你传递的信息是不正确的。这是因为当你自己都自我冲突时，你压根儿不可能在孩子之间缔结和平，况且孩子们也看得出来你的过度反应和激烈情绪，这就很有可能变相地鼓励他们争吵。所以，你的烦恼和外在过激反应，都无异于火上浇油。

而当你能心平气和地看待子女的争吵时，你已经树立了一个好的榜样——不会也不要为小事而生气！假如你能扮演一个客观而公平的角色，能心平气和地面对家庭成员间的争吵，你的家庭就会变得更加幸福和美满。

善待自己，学会对自己好一些

吴娜是蔡依林的超级歌迷。什么？你问吴娜多大了？她是一位明年就要满45岁的已婚妇女。听说蔡依林要开演唱会的消息，身为超级歌迷的她，当然不会落空。当她预订演唱会门票的时候，她老公说：“你应该去看费玉清的演唱会，看什么蔡依林呀！”可是，哪一条法律规定一位中年妇女不准去看蔡依林的演唱会呢？

从古至今，中国的女性都在接受一种贤妻良母的思想灌输。在家里唯父命是从，在学校里唯师命是从，结婚之后唯夫命是从，这就是所谓的完美女性。很多女性就是因为“贤妻良母”而忙碌一生。

但是，有什么必要因为别人的看法而委屈自己呢？钢筋水泥的冷硬和沉闷已经压得女人们透不过气来，不妨生活得俏皮一些，写意一些，然后做个清新的美梦，在这日益嘈杂的城市中享受悠闲情调。每个人都有属于自己的生活领域。也许这样的生活不够深沉，不够诗情画意，也不具有深刻的内涵，但它能让你快乐。

一名士兵骑马给拿破仑送信，在到达目的地之前猛然跌了一跤，那马就此一命呜呼。拿破仑接到了信后，立刻写了回信，交给那名士兵，吩咐士兵骑自己的马，迅速把信送回去。

那名士兵看到那匹强壮的骏马，身上装饰得无比华丽，便对拿破仑说："不，将军，我是一名平庸的士兵，实在不配骑这匹华美强壮的骏马。"

拿破仑回答道："世上没有一样东西是法兰西士兵不配享有的。"

你是否也像这名法国士兵一样宁愿自己受苦受累，而认为别人的种种幸福，自己不配享受？不想把遗憾带到坟墓里，就要对自己好一点儿。善待自己比折磨自己更容易做到。

生活中，快乐的内容每天都在变换。与恋人吵架了，打打闹闹一辈子，互相道歉反而会更增进感情；被领导批评了，找到问题，可以做得更好。光阴的眼中，每个人都无非是段插曲，既然今天的事情无非是个记忆的片段，干吗非要把自己网住呢？生活给了你五颜六色，为什么你要选择黑色？试着不再抱怨，冲生活笑一个，周围的鲜花便会盛开如云。

没有谁可以建造或承担谁的幸福，不要把对幸福的仰望依赖在别人身上。风雨总是不知何时来临，人间的爱憎怨悔，也总是不断地生灭，不断地聚散。世事无常，唯有视如平常，任风雨来去，任无常来去。其实，烦恼这种恼人的东西是想出来的，若是不想就不存在。别让自己继续躲在心事重重的甲壳里，善待自己才对得起自己。

那么，你的人生是怎样的呢？是不是在满足自己的需要之前，总是先考虑到别人，一生总是活在别人的眼光里？掰掰手指算一下，有多少件事是真正为了自己而做的呢？不要为别人的眼光而生活了。

珍惜生命，亡羊补牢，为时未晚。要理直气壮地主宰自己的人生，因为自己才是人生的主人公。

每一个人都不可避免地会犯错，都会有失控的时候。人毕竟不是神仙，不能坚决地做到一就是一、二就是二。学会原谅自己、帮助自己、善待自己。生命属于每个人，而且只有一次，所以，你没有权利也没有资格去浪费。如果你真的爱家人、爱朋友，那就首先爱自己，把自己的心情整理好，每天把自己打扮得漂漂亮亮再出门，告诉镜中的自己，你是最棒的。你要享受每一个不一样的日子，因为每一天都是不可复制的，所以，你没有理由去浪费，也浪费不起。

阳光总在风雨后。忘记从前的一切，好好开始今天的生活，相信自己的实力，相信自己的未来不是梦！

要想善待自己，就必须善待他人

如果你想让别人善待你，那么你就得善待别人，不能暴躁，不能冲动，不能逞强，凡事三思而后行；要当一个宽厚的人，一个善待他人的人，一个善良的人。

有位女士因为丈夫不再喜欢她而烦恼。因此，她祈求神给她一些帮助，教会她一些吸引丈夫的办法。神想了一会儿对她说：“我或许能帮你，但是在教你方法之前，你必须摘给我三根活狮子身上的毛。”

刚好有一头狮子经常来村里游荡。但是它是如此的凶猛，以至于叫起来吓得人胆都破了，如何敢接近它呢？但为了挽回丈夫的心，她还是想到了一个主意。

次日早晨，她很早就起床了，牵着一只小羊到那头狮子常去的地方，放下小羊就回家了。以后每天早晨她都会牵一只小羊给狮子。没多久，这头狮子就认识了她，因为她总会在相同时间、相同地点放一只小羊讨它喜欢。她确实很温柔，也很殷勤。

没多久，狮子一见到她便开始对她摇尾巴打招呼，并靠近她，让她摸它的头，抚它的背。这个女人每天都会站在那里，轻轻地摸狮子的头，直至狮子已经完全信任了她。直到有一天，她细心地从狮子鬃上拔下三根毛。之后，她就兴奋地拿给了神。

“你用什么绝招弄来的?”神惊奇地问。

女人就把事情的经过告诉了神。听完女人的话后，神笑着说：“用你驯服狮子的办法去驯服你的丈夫就行了!”

能够善待他人，连勇猛的狮子都能被你的温柔所征服，更何况是平凡的人！要想让周围的一切人都会善待你，你就得先善待你周围的一切人。

罗吉士在1898年冬天继承了一个牧场。一天，他养的一头牛因为冲破附近农家的篱笆去啮吃嫩玉米，农夫就把牛杀死了。依照牧场规矩，农夫应通知罗吉士，说明缘由。但农夫并未这样做。罗吉士知道了这件事后很生气，便让一名佣工陪他骑马去找农夫理论。

半路上他们遇到寒流，人和马身上都挂满了冰霜，两人差点儿被冻僵。抵达木屋时，农夫没在家，农夫的妻子热情地邀请两位客人进屋烤火，等她丈夫回家。罗吉士在烤火的过程中，看到那女人消瘦憔悴，也发现躲在桌椅后面对他窥探的5个孩子骨瘦如柴。

等到农夫回来后，妻子告诉他罗吉士和佣工是顶着狂风严寒来这里找他的。罗吉士刚要开口同农夫理论，又突然决定不说了。他伸出手。农夫不知道罗吉士的来意，便同他握手，留他们用晚饭。

“二位只能吃些豆子，因为刚才在宰牛，突然起了风，没能宰好。”农夫抱歉地说。

在农夫的盛情相邀之下，两个人留了下来。

吃饭时，佣工一直等着罗吉士开口讲杀牛的事，但罗吉士只跟这家人说说笑笑，偶尔看看那几个孩子。当他们一听说从明天开始几个星期都有牛肉吃，便高兴得眼睛闪光。饭罢，狂风仍在怒号，农夫夫妇一定要两位客人住下。因此，两个人又在那里住下了。

次日早上，两人喝下黑咖啡，吃完热豆子和面包，肚子饱饱地回去了。罗吉士对此行的来意依然闭口不言。

“我还以为你是为了那头牛来兴师问罪的呢。”佣工开始责备他。

“我本有这个念头，但是我后来又想了一下。我实际上并没白白失掉一头牛，我换到了一点人情味。世界上的牛何止千万，人情味却很少见。”罗吉士沉默半晌后，这样回答佣工。

冒犯你的人或许会有某些值得同情的原因。面对善良的农夫和他的妻儿们，罗吉士彻底原谅了他们。在牛和人情味之间，罗吉士更珍视人情味。

宽容就像春天一般，能让万物生长，成就一片阳春景象。宰相肚里能撑船，不计过失是一种宽容，不计前嫌是一种宽容；得失不久居于心，也是一种宽容。宽容不仅不会让我们失去什么，相反还会让我们得到很多。

第四章

与其抱怨，不如改变

一味抱怨，只会让你更不幸

生活就像是一面镜子，你对着它笑，它也会对着你笑；你对着它哭，它也会对着你哭；你冲着它抱怨，它也会冲着你抱怨；你冲着它生气，它也会冲着你生气……

生活不会总是阳光普照的，也会有不幸的乌云将你笼罩，如果此时你以消极的心态去面对不幸，一味地抱怨上天的不公平，那么你的心情就会因此而变得无比糟糕，你也会变得更不幸。

尼尔原本拥有一份不错的工作，家庭也幸福美满，他生活得很快乐。然而20年前的一场大火将这一切都毁了，他的双眼在大火中失明了。他因此而丢掉了工作，妻子也离他而去，他只好靠乞讨来维持生活。

有一天中午，他蹲在路边，突然听到有脚步声，还有手杖敲击地面的声音，他推测对方可能也是一位残疾人。尽管心里没抱什么希望，可是他还是往前凑了凑，说：“好心的人，行行好吧，可怜可怜我这个盲人吧……”

对方像是被他的哀求打动了，停了下来，说：“我非常乐意帮助你，这个，你拿着。”

尼尔摸索着接了过来，他惊讶地发现那居然是一张百元大钞。这是他头一回收到面值这么大的钞票，他觉得对方肯定是一位有钱人。

因此，他一边道谢，一边感激地说："先生，您真是一个大好人。您不知道啊，其实我的眼睛并不是天生就瞎的，都怨20年前这条街上有一家餐厅发生的那场大火啊……"为了博取更多的同情，他像往常一样又将自己不幸的遭遇叙述了一遍。

"你也是那场火灾的受害者吗?"对方问道。

一听对方也清楚那场火灾，尼尔更来了精神，他又往前凑了凑说："哦，原来您也知道那场火灾啊。那火整整烧了两天两夜啊，天哪！当时烟特别大，我根本就没办法找到出口，当我醒来时，就什么也看不见了。"

见对方没有说话，尼尔又接着说："都怨那场大火，害得我变成了如今这般模样，四处流浪，孤苦无依，也没有得到任何的赔偿。我真是命苦啊！"

没想到对方拍了拍他的肩膀大声说道："其实我和你一样，也是那场火灾的受害者，也是双目失明了，并且还被毁容了……"

"难怪我听到有手杖声，原来你也跟我一样双目失明了。"尼尔同病相怜地说道。不过，他突然想起对方刚刚给自己的百元大钞，立马说："上帝对我不公平啊！你我都一样受了伤，可为何你变成了有钱人，而我却如此落魄呢?"

对方笑了笑说道："不！我从不认为我的命运是悲惨的，也从不认为上帝对我不公平！虽然我丧失了视力，但我的听力更加敏锐了，这使得我可以轻松地分辨出音响质量的好坏，创造出了他人无法相比的销售佳绩。我坚信，一切表面上的不幸，都是上帝要给予我的更大祝福！"

说完，那人就走了。

听着手杖敲地的声音渐渐消失，尼尔若有所思地深深叹了一口气……

抱怨是最为简单的事情，特别是在面对不幸时，任何人都有很多抱怨的理由。可是抱怨既无助于解决问题，也无法将你从不幸中解救出来，它只会使你的不幸不停地加深。

假如你失业了，抱怨只会让你连下一份工作也失去；假如你赔钱了，抱怨只会让你把身体健康也赔掉。没有哪个人的生活是一帆风顺的，不幸会随时光顾任何一个人。假如你用抱怨对待它，那么不幸就会将你缠住，让你永远无法过上好日子，永远看不到成功的希望。假如抱怨已经变成一种习惯，就会将一个不幸复制出很多个不幸来。

存在固然不一定就合理，可是问题总要解决的。与其在抱怨中虚度光阴，不如想办法把问题解决。

碰到问题，我们总会习惯性地抱怨，以此来发泄内心的不满。可是，若我们一味地抱怨，而不去冷静地分析事态，调整心态，认真寻求解决问题的办法，就有可能会越陷越深，事情也会因此而变得越来越糟。

不要把抱怨他人当成习惯

假如你时常抱怨他人，那么你也会被人认为是一个不合群、人际关系有问题的人，否则，为什么别人不抱怨呢？

人人都会犯错，但一个不能容忍别人犯错误的人更容易犯错误。然而不幸的是，总有人习惯严于律人，一遇到什么不如意的事，就把责任推到他人身上，抱怨个没完。于是，他人就成了这些人心目中的“地狱”，是一切不幸的“罪魁祸首”。

正所谓“牢骚太盛防肠断”，当抱怨别人成为一个人生活中的必修课时，他的生活就将在这种抱怨声中腐败变质，而他自己却久而不闻其臭，成了“抱怨”的炮灰。

在美国南北战争期间，林肯总统曾经更换了好几位将军——马克兰、波普、伯恩赛德、胡克以及米地。但这些将军竟然接二连三失败，几乎使林肯陷入了绝境。

几乎所有的人都开始指责林肯用人不当，但林肯“一点儿不怨天尤人，宽容地保持着缄默”。林肯最喜欢说的一句话就是：“你不议论他人，他人就不会议论你。”

那个时候，林肯的夫人极力地谴责那些“该死的南方人”。而林肯却回答说：“不要责怪他们，同样的情况如果是换成我们，大概也会这样做的。”

永远不批评、责怪或抱怨他人，让林肯赢得了“最完美的统治者”的美誉，以致后来的西奥多·罗斯福总统也深受其影响。西奥多·罗斯福说，在他担任总统时，凡是遇到难解的问题时，总会望着挂在墙上的林肯照片自问：“如果林肯能活到今天，会怎么解决这个问题呢？他也会把矛头指向他人吗？”

如果一个人把抱怨别人当成一种习惯，总把乌云布在脸上，总把牢骚挂在嘴边，苛求他人而疏于律己，这样的人一定会被自己编织的心魔所蒙蔽，他的一生都会在抱怨中度过。就在你抱怨自己脚下踩的是垃圾时，殊不知他人已经踩着这堆垃圾攀上了世界之巅。

事实上，几乎每个团体里，都有些爱抱怨的人。每天他们轮流把“枪口”指向团队中的某一个角落，埋怨这个，批评那个，而且从上到下，很少有人能够幸免。他们处处都能看到毛病，所以处处都能听到他们的批评。这些人把自己、他人甚至任何事情都看得太重，心里稍微不平衡便满腹牢骚，看谁都不顺眼，仿佛全世界的人都做了对不起他的事情。这样，天长日久，不但会给团队带来麻烦，甚至造成其他人之间的相互猜疑。

有一个女人，总会喋喋不休地向人抱怨说自己的邻居不爱干净。一次她故意将一个朋友领到家里，指着窗外说：“您看那家绳上晾的衣服多脏啊！”可那个朋友却悄悄地对她说：“如果你看仔细些，我想你能弄明白，脏的不是人家晾的衣服，而是你自家的窗户。”

在同一个蓝天下生活，我们为什么不能学着去宽厚地待人，放下对别人的指责呢？即使脏的真的是邻家的衣服，为什么这个女人不能表示理解和容忍呢？要知道，这样并不会对自己造成任何损失，而狭隘的行为却会让我们在某些事情上吃亏。

一味地抱怨他人，是在出现问题之后最不明智的一种选择了，有些年轻人仿佛养成了这种恶习，他们动不动就批评、指责他人，有些人更是以此为快。一旦出现了什么问题，他们首先想到的就是射出一支支抱怨之箭，中伤别人。其结果要么伤害别人，要么被人挡回来，弄得自己反遭他人的伤害。不抱怨别人，既是一种宽容，更是一种理解，是我们走向成熟的表现。

怨恨只会让你失去快乐

人一旦有了怨恨之心，就不可能把自己看成自立、自强的人，更不可能成为自己灵魂的船长和命运的主人。

心怀怨恨的人会把自己的命运全部交给别人，把自己的感受与行动交给别人支配，他就像乞丐一样依赖着别人。

假如有人给了他快乐，他仍可能心怀怨恨，因为对方不是按照他希望的方式给的；假如有人永远都感激他，而这种感激是出于欣赏他或是承认他的价值，他还可能会心怀怨恨，因为别人欠他的这些感激的债并没有全部偿还；假如生活很不如意，他更会心怀怨恨，因为他觉得生活欠他的太多太多。

具有失败型个性的人，在寻找失败的原因时，往往会归咎于社会、制度、人生、运气等。对于别人的成功和幸福，总是感到愤愤不平。因为他们觉得，这些都足以证明生活令他受到了不公平的待遇。而愤愤不平正是企图用所谓的不公正、不公平等现象来为自己的失败作辩护，使自己感到好过些。实际上，作为对那些失败者的安慰，怨恨是十分不可取的方法，甚至比生病还要糟。

怨恨是精神上的烈性毒药，它令快乐无从产生，并且使成功的力量逐渐消失殆尽，最后形成一个恶性循环。自己并没有多大本事而又非常怨恨别人的人，根本不可能和同事相处得很好。对于由此而引来的同事对他的不够尊重或是领导对他的工作不当的指责，都会让他加倍地感到愤愤不平。

怨恨是使自己觉得自己非常重要的一种方法，很多人通过寻求

“别人对不起我”的感觉来达到异常的心理满足。从道德上来讲，不公正的受害者与那些受到不公正待遇的人，好像比那些造成不公正的人还要高明。而心怀怨恨的人，是想在人生的法庭上证实他的清白。若是他有怨恨之感，就说明生活对他不公平，而有一些神奇的力量将会澄清那些令他产生怨恨的事情，使他得到一定的补偿。从这个意义上来讲，怨恨是对已经发生之事的一种心理反抗或者排斥。

而怨恨的结果是塑造劣等的自我意象。就算他怨恨的是真正的不公正和错误，怨恨也不是解决问题的好方法，因为它很快就会变成一种习惯情绪。一个人习惯于把自己看成是不公平的受害者时，就会将自己定位于受害者的角色上，并且会随时寻找外在的借口，即使对那些在最不确定的情况下的最无心的话，他们也能很轻易地找出不公平的证据来。

习惯性的怨恨一定会带来自怜，而自怜又是人类最坏的情绪习惯之一。这个情绪习惯已根深蒂固，如果离开了它，你就会觉得不对劲儿、不自然，就一定要去寻找新的不公正的证据。有人说，这类人只有在苦恼中才会感到非常适应，带着怨恨与自怜的情绪习惯，他们会把自己幻想成一个不快乐的可怜虫或牺牲者。其实，产生怨恨的真正原因是自己的情绪反应，所以只有你自己才有力量去克服它。如果你能理解并深信怨恨与自怜不是使人成功和幸福的方法，你便能控制住这种习惯。

人们为什么爱抱怨

抱怨如同无底洞，一旦爆发出来，也许会要了你的命。聪明的人总是对抱怨保持着一定的警惕，从而保持着坦然而快乐的生活态度。

一、关于抱怨三段论

一些哲学家认为，人生即欲望，人们就是在追逐欲望—满足欲望—产生新欲望的循环中由生到死。观点不免悲观，却也道出了人生的一些真实情况。

事实上，抱怨现象的存在和欲望的满足与否密切相关。凡是欲望得到满足了的人，抱怨将不复存在；欲望没有得到满足的人，抱怨自然而然地产生。因此，我们在欲望、抱怨、生活之间就会得出这样一个三段论。

大前提：人们的欲望是无限的，或者说，人们不能满足其所有的欲望。

小前提：欲望如果无法得到满足，将会导致新的抱怨。换言之，抱怨将会长期存在。

结论：如果不设法克服抱怨，人们将永远得不到真正的快乐。

我们既然已经得出抱怨长期存在的结论，那么怎样才能克服抱怨呢？这只能靠我们的理智来解决。

在日常生活中，有的人能够坦然面对一切，把欲望节制在一定的限度内，从而快乐地生活；有的人则总会因为一点儿小事就上火，悲观丧气，满腹牢骚，不停地抱怨。

二、别让抱怨毁了你的生活

如果不克服抱怨，抱怨就会渗透到生活的各个角落。下面将列举出一连串的抱怨情况，想想它们是不是也常常出现在你的生活之中。

常见抱怨之一：抱怨自己出身不好

有人总抱怨自己生错了地方，生错了时候。看到别人的父母为孩子找了一份满意的工作，就抱怨自己的父母没能耐，甚至将自己没本事全部归结为父母的错。

常见抱怨之二：抱怨自己际遇不佳

在同一个宿舍睡觉，同一个班级里念书，同一个餐厅吃饭，同一个时间毕业。毕业才不过三五年，有人就从小员工一直升到总经理，车子、房子都有了，家庭、事业双丰收。可是自己还在原地踏步，总在考虑该到哪里发展。每每想到自己的遭遇，就抱怨际遇不佳，认为自己之所以没混好，是因为没有摊上好机遇。

常见抱怨之三：抱怨老板太小气

很多人一想到老板，心里就会涌起一股恶气。给公司挣了这么多，领到的工资却很少；老板自己花钱那么大方，对待员工却很抠门；双面都用过的打印纸，还得留下来当废纸卖……总之，一想到老板对自己这么小气，就气得要死。以为自己之所以这么难，全是老板之过。

常见抱怨之四：抱怨工作不如意

总是加班，晚上回家还得自己做饭；单位离家又远，每天还要早起；同事总为了一点儿小利斤斤计较，没有一丝大局观念；想换个工作，可又赶上经济不景气，找工作非常困难，等等。

常见抱怨之五：抱怨婚姻不浪漫

总觉得老婆或老公对自己没有以前那么好了，不那么体贴了，动不动就爱发脾气。以前在一起的时候，还会主动做家务，现在倒好，像甩手掌柜一样，什么都不做了。看起来，婚姻还真是爱情的坟墓。想想过去的浪漫生活，现在真是平淡得让人心烦。

常见抱怨之六：抱怨又没得第一

儿子这次考试又没得第一，仅仅就比第一低了0.5分，真是让人难过！公司绩效考评才达到中游水平，自己抱有很大希望的中国女排仅得了银牌，中国足球再次败北了，等等。怎么自己的生活中总是充满着各种各样的不如意呢？

常见抱怨之七：抱怨他人没素养

在公共场合抱怨：这些人怎么可以抽烟呢？这人真是太没素养了！上公交车时抱怨：大伙儿就不能往里挤挤，售票员也真是，怎么就不动员一下呀？现在这人啊，真是太没公德了！

改变命运的“紫手环”

一个简单的“紫手环”，竟然可以改变一个人的命运，说起来真是让人感到不可思议。可是，美国的知名牧师威尔·鲍温却做到了。

那是2006年7月，威尔·鲍温向他的教友递出了第一个紫手环。以此为发端，威尔·鲍温牧师开始了他的“不抱怨”活动。这个活动邀请每位参加者戴上一个特制的紫手环，想要改变“抱怨”恶习的人，都可以亲自试一试。

这个神奇的紫色手环用法如下：将手环戴在一只手腕上，当你发现自己正在抱怨或批评他人时，就把手环移到另一只手腕上；每抱怨一次，就交换一次，如此循环往复，直到连续21天紫手环都戴在同一只手腕上；坚持下去，平均的成功时间是4～8个月。你不妨尝试一下加入“不抱怨”活动。

让人不敢相信的是，在不到一年的时间内，全球就有上百个国家、600多万人参与了这项活动。通过这项活动，参与者成功地克服了抱怨的恶习，学会了为自己创造美好的生活，学会了让这个世界活力四射、充满平静喜乐。其实，这个方法非常简单，关键就在于要有一定的耐心。

牧师威尔·鲍温在他的《不抱怨的世界》一书中谈到了不抱怨的四个步骤：无意识的无能→有意识的无能→有意识的有能→无意识的有能。这四个名词中的字几乎一样，实际意义的差异却非常大。

事实上，每个人都天生具有抱怨的倾向，因为主动承受抱怨便意味着对自己的伤害，而趋利避害正是人类的天性。这就是“无意识的无能”。

可是，人性并不仅仅包含天性，还包括后天形成的人性。因此人就会意识到天性之不足，也就可以达到“有意识的无能”。

懂得了抱怨，并且知道抱怨的无用与危害，我们就要克服抱怨。刚开始的时候，肯定是有意识的、有针对性的，因为这时还不习惯，还做不到自然而然。这就是第三个步骤，即“有意识的有能”。

直到我们习惯了遇事不再抱怨，当我们能够自然而然地克服抱怨的天性时，也就进入了不抱怨的第四个步骤，即“无意识的有能”。

抱怨只会浪费你的精力

众所周知，人生不可逆转，时光不能倒流。在逝去的日子里，我们难免会留下些许遗憾，可是不论因为什么事情而抱怨、后悔、痛苦，都是无济于事的，它只会浪费你的精力，让你无暇顾及生命中的美景。

有这样一个不幸的人，他在 20 岁时被人陷害，关在监狱里 10 年。后来冤案被查清，他终于被释放了。不过，他开始了常年如一日的反复抱怨：“我真是世界上最不幸的人，在最年轻有为的时候遭受了冤屈，在监狱里度过一生中本该最美好的时光。那简直不是人待的地方，房间狭窄得连转身都非常困难，窄小的窗口几乎看不到阳光，冬天寒冷难耐，夏天又有蚊虫叮咬。真不明白上帝为什么不惩罚那个陷害我的坏蛋，即使将他千刀万剐也难解我的心头之恨……”

就这样，他一直恨恨地咒骂着。刚开始人们还十分同情他，也愿意听他诉苦，但是渐渐地，人们就感到厌烦了，劝他不要再纠缠已经过去的事，一定要想开点儿，过好眼下的生活。但是，他无论如何也听不进去这样的劝告，因为对他而言，这件不幸的事在他有生之年永远不会忘记。

到了 70 岁那年，他开始卧床不起了，弥留之际，牧师来到他的床边说：“可怜的孩子，去天堂之前，忏悔一下你在人间的一切罪恶吧！”

此时的他依然对往事耿耿于怀，说道：“我没什么可忏悔的，我需要的是诅咒，诅咒那些带给我不幸命运的家伙。”

牧师就问：“你因为受冤屈在牢房里待了多少年？”

“整整 10 年！”这个人恶狠狠地告诉牧师。

牧师长长地叹了一口气，说道：“可怜的孩子啊，你真是世界上最不幸的人，对此我感到万分同情。别人囚禁了你 10 年，当你走出监狱本应获得永久自由时，你却用心底的仇恨与抱怨囚禁了自己整整40年。”

这人听后，半天无语，仿佛终于明白了什么，可惜一切都已经太迟了，他已经走到了生命的尽头，没有任何机会弥补了。

有时，当我们回过头去想想那些曾经经历过的失误，对我们以后的心态和行为会有一些纠正和指引，但如果一味地沉溺于抱怨与痛苦中，就会妨碍我们继续前进。

有一个果园里长着一棵再普通不过的苹果树，它熬了很久，终于结出了果子。

在第一年，它的成绩是果园里最好的，一共结了50个苹果，49个被人摘走了，它只得到了1个。因此，苹果树对此感到不满，于是它就盘算着如何让自己得到更多。于是，它封闭自己的能力，拒绝成长。到了第二年，它只结了25个苹果，然而它得到的却与去年一样多——也是1个。虽然结的果实比去年少了一半，可苹果树却十分开心，它想："这下我赚了，去年我不过得到了总数的2%，可是今年我却得到了总数的4%，也就是说我得到的比去年翻了一番。”这样一想，苹果树就觉得心理平衡了。

其实，苹果树没有想过另一种计算方法：让自己继续成长，第一年的成绩不变，在第二年里，它能结100个果实，也许自己就能得到2个苹果；当然，也很可能其中99个苹果被人摘走了，它仍然只会得到1个。但是，那又有什么关系呢，它还能继续生长，在第三年、第四年里，它能结更多的果实，这样它得到的只可能会越来越多，而自身的价值也会随之提高。

其实，得到多少个果实对苹果树来说并非很重要，那只能让它感觉心理平衡而已，最重要的是，它需要成长，否则就没有生存下去的资格。等到它长成一棵参天大树的时候，也许结多少果实对它而言就根本不重要了，因为那时它可以控制自如了。只是这棵傻傻的苹果树忽略了这一点，它忘了，作为一棵树，成长才是最最重要的。

当我们在笑这棵苹果树很傻的时候，是否想过，其实我们和它是多么的相像啊？你是不是一个经常自我封闭的人，是不是将自己的才情隐藏起来了？在刚开始工作的时候，也许你很有才华和抱负，相信“天生我材必有用”，可是当你为工作付出很多努力，为企业作出很多贡献后，仍然没能得到重视，或者只得到了口头上的赞扬，却没得到你自认为应得的实惠，在被现实敲了一记闷棍后，就开始觉得委屈，开始觉得别人是故意折磨自己，别人都对不起自己，跟那棵苹果树一样，觉得自己努力的结果却只得到了很少的报酬，和自己所期望的相差甚远。所以，你开始不平衡，满腹牢骚，最后，你决定不再像以前那般努力，而让自己所做的和自己所得到的相等。可是你不妨想一想，这样一来，若干年之后，也许你已经没有刚开始时的激情与才华了，剩下的只是懊恼。因为在该积蓄力量的时候，你去抱怨了；该让自己成长的时候，你计较得失了。生活中，我们常会听到上了点儿年纪的人叹息：“我老了……”这话中有自嘲，也有悔不当初的意味，可是这样的故事一直在我们身边循环上演。

很多人会犯这种错误，是因为我们忘了生命是一个整体，是无法重复的，如果觉得自己得到的不够多，或者与自己的付出不相符，那就应该努力让自己更有价值，而不是愚蠢地停止成长。在读完这篇文章后，如果你正处于所谓的“不公平”待遇中，那么，请你提醒自己一下，不要让抱怨阻止自己成长，因为发牢骚无济于事，它只会让你逐渐贬值。

自信的人，从不抱怨命运

1890 年 9 月 9 日，他出生在美国印第安纳州的一个农民家庭，家境虽不富裕但还过得去。

5 岁那年，他的父亲就撒手人寰了，留下母亲和 3 个孩子艰难度日。

12 岁那年，他的母亲再婚了，他和继父的关系不是很好，才念到 6 年级，他就再也不想读书了。家里很不和谐，他决定去找工作，想换个环境生活。

14岁那年，他来到格林伍德的一家农场去做工，虽然很辛苦，但可以维持个人温饱。

16岁那年，他参了军。服役期满后，他开了个铁匠铺，不久就倒闭了。

后来，他在一家铁路公司得到了一份机车司炉工的工作。对此他很满意，并结了婚，终于开始追求新的生活。可是造化弄人，经济大萧条扑面而来，就在他得知太太怀孕的同一天，他却被解雇了。当他四处奔波忙于生计的时候，太太卖掉了所有的财产，一声不吭地消失了。

而他仍然在奔波中追求着。他想通过函授学习法律，但为生计所迫不得不放弃；他卖过保险，也卖过轮胎；他还经营过一条渡船，还开过一个加油站。但是这一切都以失败而告终。

有人劝他“认命吧”，他却仍然坚持“一定要有出息”。他甚至还为此谋划过绑架行动。然而，“不幸”的是，在良心的谴责下，这个绑架计划也以失败而告终。

后来，他成了一家餐馆的主厨。可是由于修路的原因，该餐馆也不得不关门大吉。他无奈地又一次失业了。

但是，他仍然在思考着自己的人生，追求着自己的梦想。于是，他怀揣自己多年心血的结晶——做炸鸡的配方，拜访了一个又一个投资者。面对一次次的拒绝，他总是自我安慰：“总有人慧眼识珠的。”

直到88岁时，他终于找到了那个“慧眼识珠”的人，他的事业才开始起步。他的炸鸡迅速风靡整个美国，而今已经蔓延全球各地。

他就是肯德基的创始人哈兰·山德士先生。

或许应该没有人比哈兰·山德士更有理由抱怨造化弄人了。但他并没有抱怨，而是以坚定的信念让自己在生命的暮年迎来了事业的春天。遍观生活中有所成就的人，他们大都与山德士拥有某些相似之处。这就是：有信心的人，从不会抱怨命运，他们总是积极尝试去改变自己命运的轨迹，成就美好的未来。

能够终结抱怨的“五种能力”

要想终结抱怨，就必须具备以下五种能力。

一、自我认知力

自我认知力是一项极其重要的技能，也是终结抱怨的基本条件。需要自我了解的内容很多，主要包括个人的优势与劣势、目标定位、职业发展规划、个性分析、价值观等。从大方面来说，自我认知几乎涵盖了所有的关于自我的能力。我们知道，许多抱怨都是和自身的性格与追求等紧密联系的。当我们对自己有了全面的认识和恰当的定位后，抱怨也就会消失得无影无踪了。

二、自我控制力

最大的敌人不是别人，而是我们自己。每个人都会有情绪，唯有能够控制情绪的人，才会有所成就。人的价值和意义就在于能够做自己不愿意做的事，能够控制自己的行为来按照自己的意志行事。在终结抱怨的问题上，在自我认知的前提下做到自我控制，确实是难能可贵的。若能站在自我控制的制高点，终结抱怨也就水到渠成了。

三、自我否定力

由于自我是一切抱怨的交会点，而自我否定作为终结抱怨必备的一种能力，关键在于它是与人相处和自我发展的根本。处于低地才会容纳百川，敞开胸怀才能充实自己。因此，面对抱怨，聪明者往往会先反省一下自身，找自身的毛病。蔺相如没有对廉颇以怨报怨，反而采取了“回避”的策略，从而成就了一段“将相和”的千古美谈；廉颇也没有由于蔺相如的谦卑而得寸进尺，反而即刻醒悟，并负荆请罪，而铸就了“知错就改”的美好形象。自我否定就像一把钥匙一样，专门用来打开抱怨之锁。

四、自我发展力

我们知道，许多人陷在抱怨里不能自拔的原因就是期望值没有得到满足。其实，期望值的满足与否取决于期望值的制定，而期望值的高低又取决于自我认知的深浅。每个人都有自己的人生目标，但是就怎样实现这个目标却因人而异，这就涉及自我发展的能力问题。若在自我认知的基础上制定合理的期望值，并为达到期望值而不断自我发展，且设计合理的阶段和步骤，抱怨又从何而来呢?

五、自我调节力

通常而言，终结抱怨有两个基本途径：一是“疏”，就是把抱怨说出来；二是“融”，就是把抱怨内化掉。自我调节的能力要求我们在“疏”与“融”之间找到一个平衡点，在释放与消化之间不断地作出理性的调节，最终消除抱怨。

第五章

生气不如争气，翻脸不如翻身

生气的时候不妨换位思考

有一天，一个美国男人向佛祖祈祷说：“万能的佛祖啊，我每天在外面工作8个小时，几乎要累死了，而我的老婆却每天待在家里享清福。我实在是厌倦透了这样的生活，求你让我和她的身体调换一天吧，我要让她了解我在外面打拼是多么的辛苦。”佛祖听后，什么话也没说就答应了他的请求。

第二天，这个男人一醒来，就发现自己已经变成了一个女人。按照佛祖的昭示，他一定要按照妻子日常生活的轨迹去活动。起床后，首先要为自己的丈夫准备早点，然后叫醒孩子们，给他们都穿上校服。接着，还要喂顽皮的孩子们吃早餐，装好他们的午餐，并开车送他们去学校上课。回到家里，他又挑出一些需要干洗的衣物，开车把它们送到干洗店，在回来的路上还顺便去了一趟银行，再去超市采购。到家后，还没来得及喘息，他又不得不马上放下东西去缴清账单并结算支票本。

当他打扫完猫盒，并给狗洗完澡时，已经是下午1点多了。他又开始匆忙地整理床铺，洗脏衣服，以及给地毯吸尘、除尘，还要清扫、擦洗厨房的地板。然后他冲往学校去接孩子们回家，在回来的路上还和他们争论了一番。到家后，他准备好点心与牛奶，再督促孩子们做功课，接着架起烫衣板，一边忙着熨衣服，一边看会儿电视节目。

4点半的时候，他开始忙着削土豆，清洗蔬菜做好沙拉，给猪排粘点面包屑，并剥完那些新鲜的豆子，开始准备晚餐。吃过晚饭后，他开始收拾厨房，然后打开洗碗机，叠好已经洗干净的衣物，再给孩子们洗澡，送他们上床睡觉。

此时已经忙到晚上10点了，他感觉自己有点儿撑不住了。然而，他每日的例行工作还没结束——作为一个妻子，他要躺在床上等待丈夫回来，而且不能有一丝的怨言……

第二天一早，男人一醒来，就跪在床边向佛祖祈祷："佛祖啊，我真不明白自己是怎么想的，我竟然会傻到嫉妒我老婆整天待在家里！求求你，赶紧让我们换过来吧！"

这时，拥有无限智慧的佛祖回答："我的孩子，我想你大概已经吃到苦头了吧，我会很高兴让一切恢复成原来的样子的。但是……你不得不等上9个月，因为你已经怀孕了！"

人总是只看到自己的付出，却看不到他人的付出。故事中，站在男人角度的男人永远不会知道女人的辛苦。同样，站在自己的角度，你很难体会到他人的感觉。当你为自己过多的付出而感到愤愤不平时，不妨先做一下换位思考。

假如你总是站在他人的角度去思考问题，很多冲突和矛盾都可以得到解决。事实上，换位思考并不是很难，可是对某些人来说，却是一件相当困难的事情，因为换位思考需要暂时忘记自己的想法。

曾有人抱怨，说他的老板对他的要求太高，总想让他24小时都在忙工作。显然，他与他的老板都没有仔细地考虑过彼此的感受，没有相互交流过看法。作为员工，理当体谅老板的苦心；但是每个人的能力都是有限的，因此老板对员工提过高的要求也是不合理的。在这种情况下，只有双方多沟通，进行一下换位思考，才能互相理解。

俗话说，世事无绝对，每一件事情都是有其双面性的。当你与他人意见不同时，不妨换位思考一番，站在对方的角度去考虑一些问题，设身处地地从对方的角度去思考，在对方所处的环境中处理问题。如此一来，某些你眼看无法调和的冲突或矛盾，很有可能因为你的换位思考，从而出现“柳暗花明又一村”的效果，使问题得到很好的解决。

爱生气只能证明你修养不够

萧伯纳有一句名言：“以愤怒开始的事情，往往会以悔恨而告终！”遇事一味地生气，是一种消极、愚蠢的表现，只能证明你修养不够，最后受伤害的其实是你自己。遇事不生气、不发怒，不仅仅是明智的处世良方，也是非常好的养生之道。每个人都应该学会控制自己的情绪，而不应被情绪所左右，因为人在生气时，不仅会伤害到对方，也会伤害到自己。虽然怒火的宣泄会让你一时地解除或缓解心理上的压力，但是愤怒和生气只能给你带来暂时的安全感或痛快感，并显示出你的气量狭小，以及缺乏自制力等。你必须明白，暴跳如雷往往是愚蠢的表现。

容易生气的人处不好人际关系。有人爱发火，凡事都认为是自己有理，一听到不顺耳的话，便“理直气壮”地加以反驳。其实不一定自己都对、别人都错；即使自己对了，这样怒发冲冠的势头也会让人难以接受。时间长了，生气就会成为一种习惯与惰性的不良反应，变成侵袭人际关系的“癌症”。易怒之人在交际圈中永远也不会得到他人的尊重和欢迎。

生气和发怒是莽夫所为，是无能的表现，是一个人修养不够的表露。正如宋代大文豪苏轼所言：“匹夫见辱拔剑而起，挺身而斗，此不足为勇也；夫天下大勇者，猝然临之而不惊，无故加之而不怒。”只有临危不惧，忍辱负重，才是真正的大丈夫所为。

人脉关系是每个人不可忽视的一笔巨大潜在财富。若没有丰富的人脉关系，无论做什么事都会举步维艰，这是每个人都知道的。但如果你总是用怒火去考验人脉这座金矿的话，再纯正的金子也将被熔化掉。明知不可为而为之，不是愚蠢又是什么？

爱生气的人最容易伤身伤心。如果经常情绪不佳，生理就会失衡，五脏六腑就会产生非理性的运动，身体的免疫功能也会随着情绪的波动而降低，甚至还有人会因一时发怒而丢了自己的生命。

1831 年，小波利亚将自己的一篇论文《绝对空间的科学》寄给了大数学家高斯，请他给自己提些意见。但是论文竟然在途中丢失了，小波利亚只好又寄去了一份。

话说高斯收到论文后，对小波利亚的才华非常赞赏，于是他写信给老波利亚，称赞他的儿子小波利亚，说他很有天赋。高斯还表示，自己关于此方面的研究将终身不发表。因为很多人对这方面所讨论的问题都抱着不正确的态度，他不愿听到某些人的喊声，而现在小波利亚让他看到了希望。

但是老波利亚却没有将此事告诉儿子。许久都不见高斯的回应，小波利亚感到极度失望。虽然高斯没有发表非欧几何方面的论文，但小波利亚仍然认为，高斯这个“贪心的巨人”已经有意无意地剽窃了自己的成果，剥夺了自己创立非欧几何的优先权。对此，小波利亚异常愤怒，痛心疾首。这样的心态，对他的身体与心理都造成了极大的伤害。

1848 年，俄国数学家罗巴切夫斯基也发表了关于此方面的学术论文，小波利亚更加恼怒，怀疑每个人都与他作对，就决定抛弃所有数学方面的研究，还发誓不再发表任何数学方面的论文。就在这样悲愤的心情中，1860 年 1 月 27 日，小波利亚由于肺炎发作在马洛斯发沙黑利黯然去世了，一颗数学界的新星就此陨落。

生气能摧毁人的活力，消耗人的精神，极大地影响人的学习和工作。人在心绪不宁的时候做工作，自然不能达到最高的效率与水平。人的种种精神机能，必须要在丝毫不受牵制时，才能发挥其最高水平。正在生气的头脑，思考自然会不清楚、不敏捷、不合逻辑。因为脑细胞受烦闷的侵扰时，脑部的思考肯定不能像毫无干扰时那样清楚、敏捷、合乎逻辑。总之一句话，爱生气只能证明你很愚蠢。

许多年来，人类一直容许种种无谓的烦恼、生气来榨干人们的生命，让人未到中年即现衰老之相。还有人因生很大的气在三周之内面容大变，前后判若两人。其实，导致他们衰老的，是多愁善感的性格，以及爱生气的坏习惯。

很多女孩想用药品或者手术来挽救自己早衰的红颜，其实这是舍本逐末，因为令她们衰老的是容易生气的坏习惯。医治衰老的药品仅有一种，并且这种药品在每个人的心中都可以找到，那就是泰然的态度，以及不生气的生活习惯。

不生气的最好方法，就是时刻抱有一种愉快向上的态度，而不去看生活中的不幸与丑恶。保持健康的身体，也是矫正生气习惯的一个重要条件。拥有良好的胃口、踏实的睡眠、清爽的神智，都能够减少烦闷。体强力健的人，为生气所留下的空间机会就比较少；而活力低微、体质衰弱的人，则很容易滋长生气心理。

一旦你觉察到有生气心理侵入，必须立刻让你的心中充满希望、自信、勇健、愉快的思想，而不要坐视这些可能剥夺幸福的“敌人”在你心中盘踞，要立刻把这群“魔鬼”驱逐出境，绝不能做一个爱生气的愚蠢之人。

生气不是在惩罚他人，而是在惩罚自己

“生气，就是用别人的错误来惩罚自己。”德国古典哲学家康德曾经这样说过。不妨想想，你在那里生气，而那个让你生气的人会因为你的生气而遭到惩罚吗？他会因为你的生气而有所改变吗？不会的。因此与其用别人的错误来惩罚自己，不如让自己放宽心，忽略那些扰乱自己心灵的浮尘。错误是别人造成的，不在于你自身，因此不该由你来受这份气，只有想通了这些，心情才会豁然开朗。

一天，佛陀正在寺庙里静修，突然有一个人破门而入，开始谩骂。因为其他人都出家来佛陀这里了，而他自己却没有得到这个机会，这让他很生气。

佛陀安静地听完他的无理谩骂之后，轻声问道："你家偶尔也有访客来吧？"

"那是自然，你何必问！"

"那个时候，你偶尔也会款待客人吧？"

"那还用说！"

"假如那时，客人不接受你的款待，那么，那些做好的菜肴又该归谁呢？"

"要是客人不吃的话，那些菜肴就只好再归我喽！"

在问完这些之后，佛陀笑了，看着他，又说："今天你在我面前说了很多坏话，但我并不接受它，所以就如刚才所回答的那样，你的无理谩骂都是归于你的！假如我因为被谩骂而与你恶语相向，就如主客一起用餐一样了，因此我不接受你这个'菜肴'。"

到最后，佛陀为他指点了迷津："对生气的人，用生气来回应，是一件不应该的事。不以生气回应的人，就会得到两个胜利：了解他人的生气，并以正念使自己镇静，这样的人不但能战胜自己，也能战胜他人。"

在日常生活中，许多人没有佛陀的宽容，心里怎么也放不下他人的过错。例如下级犯了错误，上级非常生气，怒发冲冠，声色俱厉，受伤的其实是他自己；如果上级作风不正派，下级非常生气，内心憋屈，心生不平，受伤的也是他自己；而如果是同事之间的钩心斗角，相互猜疑，最终受伤的也是他自己。

古代有一个泼辣的妇人，特别容易为一些琐碎的小事生气。她也知道这样不好，便去求离家不远的寺庙里的无名禅师，希望他能开导自己。

刚见到无名禅师，妇人便急急地说出了自己的困扰。听完她的讲述，无名禅师只是简单地说："请随我来。"妇人跟着无名禅师来到了一间禅房中，想不到无名禅师转身出门，竟然落锁而去。他的此番举动，自然惹来妇人的破口大骂。

这个妇人骂了很久，耗费了许多气力，无名禅师并不理会她。

妇人便又开始可怜地哀求起来，无名禅师仍然置若罔闻。过了许久，气力已尽的妇人终于安静下来了。

此时，无名禅师来到门外，问道："你还生气吗?"

见到无名禅师，妇人顿时觉得又有了力气，跳着脚说道："生气? 我干吗要因为你一个老和尚生气? 哼，我只生我自己的气，怎么会到这个地方来受这份罪，真是自作自受，我活该!"

"连自己都不肯原谅的人，如何能心如止水?"看到妇人这样，无名禅师没有再多说什么，拂袖而去。妇人看无名禅师走了，也安静了下来，越想越觉得自己委屈，便一个人生起闷气来。

过了一炷香的时间，无名禅师又走过来。第一句话还是问道："女施主，你还生气吗?"

妇人没好气地说："不生气了。"

接着，无名禅师又问："为什么不生气了?"

"生气也没有办法呀，被你锁在这里，气死我也不会有人来收尸。"说着，妇人看了无名禅师一眼。

"施主，看来你的气并没有消逝，还是压在心底。这样的气，爆发出来将会更加剧烈。"无名禅师说完后，又离开了。

又过了一炷香的时间，禅师第三次来到门前。天色已晚，急着回家的妇人告诉他："我不生气了，因为不值得生气。"

"不要着急回家，你还知道值不值得，看来心中还有衡量，还有气根啊! 所以你还是不能走。"无名禅师笑着说。

终于，当无名禅师的身影迎着夕阳立在门外时，妇人问道："大师，请你告诉我，究竟什么是气?"

无名禅师笑了笑，将手里的茶水倾洒于地，随后打开了门锁。妇人凝视地面良久，顿悟，叩谢无名禅师后，就回家了。

其实，生气是用他人的过错来惩罚自己的愚蠢行为，因为别人的话而暴跳如雷的人与那些因为他人的评价就改变自我的人一样愚蠢。那些把大好时光用来生气的人，真是天底下最大的傻瓜。生气不但让你不快乐，还会影响你的身心健康。因此，当你为他人没有迎合你的意愿或是做错事情而生气的时候，要明白你正在用你的快乐和健康去偿还他人的不当行为。

这样想，你就不会无缘无故地生气了。

别让坏脾气毁了你的一生

1965 年 9 月 7 日，世界台球冠军争夺赛在纽约举行。胸有成竹的路易斯・福克斯十分得意，因为他的成绩遥遥领先于对手，只要发挥正常，再得几分便可登上冠军的宝座。然而，正当他准备奋力拿下比赛的时候，一件意想不到的事情发生了：一只苍蝇落到了主球上。

一开始，路易斯并没在意，挥手赶走了苍蝇，然后俯身准备击球。可是当他的目光再次落到主球上时，发现这只可恶的苍蝇又落了上去，他再次挥手赶走了它。然而苍蝇像是故意要跟路易斯作对似的，当路易斯再次俯身时，它又落在了主球上。观众席上传出笑声，而路易斯的情绪也明显恶劣到了极点，当那只苍蝇再次落到主球上时，路易斯终于丧失了冷静和理智，愤怒地拿球杆去击打苍蝇，一不留心碰动了主球，裁判判他击球，他因此丢失了一轮机会。

此时，原以为败局已定的对手约翰・迪瑞见状信心大增，连连过关。而路易斯却在极度愤怒和失控情绪的驱使下，连续失利，最终落败。路易斯十分沮丧地走出赛场，第二天早上，有人在河中发现了他的尸体。他受不了失利的打击，竟然投河自尽了！

一只微不足道的苍蝇竟击败了一位春风得意的世界冠军！这不仅让人扼腕长叹，更让人感到无比震惊。应该说，路易斯并不是没有能力拿到世界冠军，只是他的能力被他的坏情绪所操纵了，面对影响自己情绪的小事不够冷静和理智，没有控制和调整好负面情绪，最终丢掉了冠军，甚至搭上了自己的性命。

所以说，生气会让人变得非常愚蠢。如果路易斯・福克斯不去在意那只该死的苍蝇，他就能很轻松地登上世界台球冠军的宝座了。

可是恰恰相反，他不但因为这只苍蝇生气了，还为此付出了生命的代价。

每个人都应当学会控制自己的情绪，不能让冲动将自己从成功的边缘带向失败的沼泽。聪明的人会把生活中的各种不利因素转变为对自己有利的因素，或是让那些不利因素变得毫无意义，这样的人，才能成为掌控自我命运的强者。

其实，真正击倒世界冠军的，并不是一只苍蝇，而是路易斯·福克斯那颗易怒的心。事实上，他完全可以对那只苍蝇置之不理。因为当球杆撞击主球时，那只苍蝇根本就无法站立在球上，当主球奔向锁定的目标球的时候，那只苍蝇早就飞走了。

谁都知道，苍蝇是无处不在的，路易斯·福克斯遇到了一只苍蝇，你的身边肯定也少不了这种让人厌恶的“苍蝇”。如果你总是对它耿耿于怀，把精力放在那些其实根本不是你的障碍的问题上，并夸大了它们对你的妨碍，那么，你的结局也许并不会比路易斯·福克斯好到哪里。盯住芝麻而放弃西瓜，结果一定不妙。

要用平和的心态去对待事物，即使是一群苍蝇落在你的主球上，也不要被激怒，别让坏情绪操纵了你，一门心思去击你的主球，下一步就是成功。

日本狮子公司是全球最大的500家工业企业之一，在这家公司里，加藤信三是个富有传奇色彩的人物。因为，他从一个小小职员做起，在不长的时间就成了公司的董事长，升迁之快，令人瞠目。

为什么加藤信三会成为日本狮子公司的董事长呢？答案就是——不生气的智慧。

一开始，加藤信三只是狮子公司的一名普通小职员，有一次，他夜里加班到很晚才休息，第二天早上，尽管他昏昏沉沉的很想在温暖的被窝中睡到自然醒，可是他必须马上起床，赶到公司上班。起床后他匆匆忙忙地去洗漱，但是越着急事情越乱，牙齿竟然又刷出血来了。这让加藤信三火冒三丈——身为牙刷公司的一名职员，使用自己公司生产的牙刷竟然刷出血来。他越想越觉得不满，就带着一肚子的牢骚冲出家门，打算去技术部门发一通脾气。当他怒气冲天地走进公司的大门时，脚步却渐渐缓慢下来，他慢慢地平静下来。发火能解决问题吗？当然不能。于是，他走进办公室，开始与同事们讨论牙刷将牙齿刷出血的问题，还提出了改变牙刷毛质和造型，以及怎样排列刷毛才能更好地清洁牙齿而又不会伤害牙龈的各种改进方案。

他开始通过多次实验来选择最好的改进方案，最后，他用放大镜发现了问题所在——由于牙刷毛是用机器切割的，所以，刷毛的顶端都是十分锐利的直角。这才是真正的问题所在啊！只要改变一下刷毛的切割方式，把直角都变成圆角就可以让牙刷更实用。

同事们十分赞同他的提议，经过多次实验之后，加藤信三与几位同事将一份成熟的改正方案提交给了上司，公司迅速投入资金进行生产。于是，新的狮子牌牙刷诞生了，新牙刷十分受欢迎，公司也因此大大获益。由于为公司作出了杰出的贡献，加藤信三被提升为主管，并在后来成为了整个公司的董事长。

如果当初加藤信三仅仅是一味地发火、生气，冲到技术部门那里大发牢骚，会得到什么呢？他得到的只能是同事的冷落、还击，不仅自己生气不说，还影响了他人的情绪，最终却解决不了什么问题。但事实是，加藤信三很好地控制了自己的情绪，并将这件事变成了自己成功的机会，从而成就了自己的事业。

因此，那些看起来令你生气的生活场景，说不定正是你成功的机会。一定要控制住自己的情绪，在不尽如人意的环境中去发掘成功的机会，而不要一味地抱怨人生、感慨或者生气。

别为小事而动怒

如果我们集中精力追求自己的梦想，生活中的烦恼便会大大减少，就不会再为小事而抓狂。因为我们在追求自己梦想的过程中实现了自身的价值，就不在乎身边这些小事了。

有个人夜里做了个梦，在梦中，他见到一位头戴白帽、脚穿白鞋、腰佩黑剑的人，在大声地斥责他，并往他的脸上吐口水，吓得他立刻从梦中惊醒过来。

第二天，他闷闷不乐地对朋友说："我从小到大从未受过别人的侮辱，但昨晚梦里却被人辱骂并吐了口水。我心有不甘，一定要找出这个人来，不然我将一死了之。"于是，每天他一大早就爬起来，站在人来人往熙熙攘攘的十字路口，寻找梦中的那个人。几个星期过去了，他仍然找不到这个人。结果，他竟真的自刎了。

你也许会嘲笑这个人的愚蠢，因为做梦乃是一件极其稀疏平常的小事，而做噩梦也是常有的事，怎么能为此而大动肝火呢？可生活中就有很多人为小事而抓狂，为一点儿小事不惜和别人翻脸，甚至大打出手，这样的事情每天我们都能在街上碰见。

"九层之台，起于垒土；千里之堤，溃于蚁穴。"有的时候，事情虽小，但杀伤力却很强，不仅破坏了人的好心情，还会让人前功尽弃，甚至断送自己的性命。历史上有多少大风大浪都过来了，却在阴沟里翻船的人啊。下面这个小故事，就是这样的悲剧。

在美国科罗拉州长山的山坡上，躺着一棵大树的残躯。据当地人说，它曾有400多年的历史。在它漫长的生命历程中，曾经被闪电击中过14次，它都挺过来了，但是在最后，它却在一小队甲虫的攻击下永远倒下了。这些甲虫从根部向里咬，一开始大树还没有感觉，却渐渐伤了大树的元气。最后，这样一棵森林中的巨人，岁月不曾使它枯萎，闪电不能将它击倒，狂风暴雨也没有把它摧毁，却栽倒在小小的甲虫的利齿之下。

在生活中，有很多这样的人，他们能勇敢地面对生活中的艰难险阻，却被鸡毛蒜皮的小事搞得灰头土脸，垂头丧气。家务事虽小，可再大的清官却也断不清。其实并非清官无能，而这正是他们的高明之处。亲人之间，为一点儿小事反目成仇，实在是不应该，为何还要给他们分个一清二白呢？就让他们糊涂到底吧，这反而比分清谁是谁非更好些。

千万别为小事抓狂，对待一些委屈和难堪的遭遇，就在内心转变成另一种心情，以积极健康的态度去化解这一切。如果能从中得到更大的好处，不也是另一种收获吗？这不比到处记恨别人，处处结下冤家更强吗？

有这样一个小故事，说的是有一个人从一棵椰子树底下经过，一只猴子从上面丢了一个椰子下来，打中了他的头。这人摸了摸肿起来的部位，然后把椰子捡起来，喝了椰子汁，吃了果肉，还用外壳做了一个碗。

你之所以对小事缺乏足够的承受能力，说明你没有把精力放在更为重要的事情上。因此，当我们面对生活中的烦恼时，不妨先问一下自己："这是我的生活目标中至关重要的事情吗？为此花费时间和精力值得吗？"

生气其实就是在浪费时间

为人处世，千万不要因为一点儿小事就生气，要知道生气不如争气。做事情，千万不要因为小人而翻脸，因为翻脸不如翻身来得实在。

像大多数的疾病一样，长期生气的人在脸上和身上都会留下痕迹。如果仅从外表看，一个长期脾气火暴、时常处于发怒状态的人，大多数会形成秃顶，严重的还会改变头顶的形状。那种头顶中线拱起形成尖顶的头形，相对而言生气的程度会轻一点儿。而在额头两侧形成双尖的 M 字形的微秃的，这种人脾气一定非常急躁。

《黄帝内经》中记载："夫百病之所始生者，必起于燥湿寒暑风雨，阴阳喜怒，饮食起居。"我们的老祖宗很早就已经明白，生气不仅会浪费身体的血气能量，更是造成人体各种疾病的一个非常重要的原因。

很多时候身体太累，人的情绪就会变得很容易失控，很容易就会和别人发脾气。生过气以后，回头仔细想一想，原来在生气的那段时间里，浪费了自己很多的时间。如果因为一点点事情就发脾气，结果许多等着你去做的事都没能完成，很多工作也被耽误了。

很多人就是这样，因为一点儿小小的事情，就会生非常大的气，特别是和自己心爱的人。有时生完气就会后悔，觉得自己不应该生气，可是已经拉开了生气的架势，总不能这一秒还在生气，下一秒就仿佛若无其事的样子吧。因此，只能等待对方来哄自己，好给自己一个台阶下。

但是，等到爱人主动来哄自己时，已经浪费了至少有大半个钟头的时间了。有许多年轻恋人之间就是这样，往往为一点儿小事浪费了两个人很多时间。年轻任性的女孩，还有爱耍小孩子脾气的男孩子，以后还是要少生点儿气，少浪费点儿时间为好。少生一点儿气，不但能够节约时间，最重要的是不会破坏两人之间的感情，有助于更好地交往。

而所谓的不生气，并不是要你把气闷住，而是要学会修养身心，开阔自己的心胸，让自己心里更能容得下别人，更能容得下自己，使得你面对人生的不如意时，能有更宽广的心胸去包容自己或是他人的过错，根本不存在生气的念头和心理。

时光易逝，岁月如梭，不知不觉之中，皱纹就会悄无声息地爬上你的面庞。事实上，抵抗衰老的最好方法就是提前做好预防衰老的一些工作。这就要求你在生活中一定要养成良好的习惯，避免一天到晚生气，避免有愁眉苦脸、庸人自扰的模样。

要知道每天摆着“苦瓜脸”会使你的皮肤细胞缺乏营养，会使你的脸上的皮肤干枯无华，过早出现皱纹，同时还会加深你面部的愁纹。而你又会因此花费大量时间去作保养。时间就是这样被浪费掉的。年轻人不要总生气，要知道“笑一笑，十年少”这句话是很有道理的。

现实生活中，有很多本来没必要生气的事却让你生了非常大的气。面对生活中一些鸡毛蒜皮的小事，又何必跟人斤斤计较呢？仔细想想看，这样做最终伤害的会是你自己。愚蠢的人才会一味地去生气，而聪明的人就应懂得如何去争气。与其在生气方面浪费时间和精力，还不如将这些时间放在自己的工作、学习和事业上，使自己的知识领域拓宽，也使自己能够更加睿智。

当你的工作、学习遭受挫折时，如果只是一味地生气，那根本是无济于事的。生气只会使别人感到你的自制力差，仅仅是一味地沉浸在低落的世界里，令自己滞留在原地，毫无进取精神。越是身处逆境之中，就越要保持良好的心态，生气是没有用的，它只是在浪费时间罢了。只有努力进取，用心为自己争口气，才是你走出困境的唯一方法。

设法抑制自己的暴躁脾气

希腊大哲学家苏格拉底，有一天和一位老朋友在雅典城里优哉散步，一边走一边愉快地聊天。忽然有位愤世嫉俗的青年出现，用棍子打了他一下就跑走了。他的朋友看见了，立刻回头要找那个家伙算账。

但是苏格拉底拉住他，不要他去报复。朋友觉得很奇怪，就说："难道你怕这个人吗？"

苏格拉底说："不，我绝不是怕他。"

朋友又问："那么人家打你，你都不还手吗？"

此时苏格拉底笑着说："老朋友，你糊涂了，难道一头驴子踢你一脚，你也要踢它一脚吗？"

他的朋友点点头，就不再说什么了。

一个人的涵养来源于他的修养，稍有委屈就想报复，绝不是一个有高尚修养的人所为。

心理学研究表明，人在生气时，血液循环加剧，神经处于高度兴奋和紧张状态，因而在思考问题时不能冷静，往往凭意气用事，这样难免会出问题。

生活中有很多让人气愤的事情，但千万不要一看到不平的事就雷霆大发，放纵自己愤怒情绪的后果从来都是有害无益的。其实，要控制自己的情绪并不难，只要平时养成一种超脱的胸怀，出了问题，多考虑大局，并想想自己的责任。

心理学告诉我们，愤怒是一种冲动性的情感，它是由于遇到与愿望相违背或愿望不能达到，并一再地受到妨碍而逐渐积累起来的紧张爆发的情绪。

愤怒的原因很复杂，一般说来，在遇到不合理的事或被人恶意造成的不幸情况下，最易发生。如受人欺负或受人欺骗、身体受缚、善意被误解、秘密被泄露、权力被侵夺，等等。

怎样才能不让自己脾气暴躁呢？下面是一些控制方法，大家不妨参考。

一、想发脾气的时候，做个深呼吸

从生理上看，愤怒需要消耗大量的能量，你的头脑此时处于一种极度兴奋的状态，心跳加快，血液流动加速，这一切都要求有大量的氧气补充。深呼吸后，氧气的补充会使你的躯体处于一种平衡的状态，情绪会得到一定程度的抑制。虽然你仍然处于兴奋状态，非常想发脾气，但你已有了一定的自控能力，数次深呼吸可使你逐渐平静下来。

二、理智分析

你被什么激怒了，先不要激动，冷静地全面考虑一下，也许会得出结论：激怒是没有根据的。那还生什么气呢？

你将要发怒时，心里快速想一下：对方的目的何在？他也许是无意中说错了话，也许是存心想激怒别人。无论哪种情况，你都不能发怒。如果是前者，发怒会使你失去一位好朋友；如果是后者，发怒正是对方所希望的，他就是要故意毁坏你的形象，你偏不能让他得逞。这样稍加分析，你就会很快控制住自己。

三、寻找共同点

虽然对方在这个问题上与你意见不同，但在别的方面你们是有共同点的。你们可搁置争议，先就共同点进行合作。

四、加强自制力修炼

自制力始终十分重要。特别那些处于显赫地位的人在脉搏加快之前，应把要解决的问题放一放，平静一下自己。

五、沉默是对付愤怒的好方法

俄国历史上的女皇叶卡捷琳娜·韦利卡娅就不止一次采用这种方法。当某大臣惹她愤怒时，急忙喝一大口水，在房间里走啊，走啊，直到愤怒被宽容代替。

六、试一试那些能聚精会神的动作

例如，咬紧嘴唇，舌头缓慢沿上腭作切线移动5—6次，然后默默数到10，再做几个深呼吸。反复几次，也能摆脱愤怒。

七、回想美好时光

想一想你们过去亲密合作时的愉快时光，也可回忆自己的得意之事，使自己心情放松下来。如果你仅仅是因为一个信仰上的差异而想动怒，不妨把思绪带到一个令人快意的天地里：美丽的海滩、柔和的阳光、广阔的大海……你会觉得，人生是如此的美好，大自然是如此的包罗万象，人也应该有它那样的博大胸怀，不能执着于蝇头小利……想到这些，你就容易克制自己的怒气了。

总之，人生苦短，值得我们用心去品尝的东西实在太多，耗费时间和精力去生气，是真正的愚行。其实，人生多一点儿豁达，多一点儿宽容，多一点儿感悟，多一点儿理性，愤怒的情绪便会像一杯清净的水，倒地化为虚无。

赶快收起你愤怒的火焰吧，化戾气为祥和，这样你才能让愤怒的火焰在即将喷涌的那一刻熄灭，使之转化为平和的力量，在生命里盛开出宁静的百合花。

凡事多朝好处想一想

一位西方哲学家曾说过这样一句话：“我们的思想，能够使天堂变成地狱，也能让地狱变成天堂。”人生有很多不如意的事，学会解脱才能活得轻松潇洒。凡事多朝好处想，就要遇事想得开，不要为眼前的悲伤和失意所缠绕。

人的想法不同，其情绪、行为的后果则会别如天壤。凡事想不开，或爱往不好处想，就是芝麻绿豆大的事儿，也会看得比磨盘还大，非要闹个人仰马翻、弄个三长两短不可。而遇事想开了，或常往好处想，便没有攀不过的高山。这样能使我们在软弱时变得坚强，在颓丧时变得振作，在痛苦时变得欢愉，在忧郁时变得开朗……总之，能使我们在磨难中峰回路转，逢凶化吉。

人的精力是有限的，不要把有限的精力用在使我们失望的人和事上。要知道生活中虽难免有黯淡的时候，但总有阳光，总有明媚和动人的时刻；阴郁的日子终会过去，明天定会比今日美好。记得普希金劝诫人们在阴郁的日子需要镇静的诗句："一切都是瞬息，一切都会过去，而那过去了的，就会变成亲切的怀念。"

遇事想得开，还要淡泊为怀，知足常乐。欲望不可过强，期望不宜过高；凡事量力而行，适可而止。过强的欲望，可能导致"欲火中烧"、"欲壑难填"，就会得失锱铢必较，吃亏耿耿于怀。一事当前，"我"字当头，怎能想得开？过高的期望，对自己缺乏正确的估价，把预期的目标定得不切实际，把事情看得太顺畅了，太容易了，结果事与愿违，就容易从空想的海市蜃楼跌入悲观失望的深渊，其愁肠之百结，更难以排解得开。

遇事想得开，更妙在遇到不顺心后，懂得再往后退，向坏处想。契诃夫的短文《生活是美好的》中就有如此妙语："要是火柴在你衣袋里燃起来了，那你应当高兴，而且感谢上苍：多亏你的衣袋不是火药库；要是你的手指头扎了根刺，那你应当高兴：多亏这根刺不是扎在眼睛里。"契诃夫这些话虽有点儿过于做作之嫌，但当一件事发生后，既然木已成舟无可挽回，与其苦恼、痛楚、懊丧，折磨自己，不如奉行契诃夫这种"退一步海阔天空"的哲学，效仿一句中国人的老话："既来之，则安之"，稳住神，静下心，想自己该想的，做自己要做的，更能表现人格的力量，享受生活的乐趣。

假设你今天丢了200元钱，你应当庆幸还好丢的不是2000元；今天生病了，你应当庆幸好在并不严重；出门碰上下雨了，你应当庆幸好在还有地方可以避雨。凡事多往好处想，这并非是自欺欺人，而是期望改变心情。心情变好了，那些不尽如人意的事情对你的伤害便会大大降低，甚至会由于你的积极心态而得到改善。

约翰·甘布士是美国百货业巨子，他起初只是一家小工厂的普通职员，后来凭借自己的凡事都朝好处想的积极心态，最终使自己走向了辉煌的人生大道。

一天，甘布士坐火车去纽约办事，但事先没有订好票，这时正值圣诞前夕，去纽约度假的人比较多，车票早已卖完了。一般人遇到这种情况可能掉头就回去了，但甘布士没有回去，他仍旧提着行李，赶到车站，目的是等待有人退票。

也许会有人退票，也许根本就没人退票，甘布士并没有把握，但他心存一线希望。甘布士在车站售票处等了很久，不见有人来退票，尽管乘客们已经开始上车了，但甘布士仍没有要离开的意思。

时间一分一秒地过去了，再过5分钟火车就要开走。此时，一个女人匆匆忙忙地赶到售票处，因为她的女儿突然发病，她不能乘这班列车。甘布士终于如愿以偿地到了纽约。

到了纽约后，甘布士兴奋地给妻子打电话，对她说："亲爱的，我抓住那只有万分之一的机会了。因为，我相信一个凡事多朝好处想而且不怕希望落空的人，才能实现自己的梦想！"

凡事多朝好处想，尽管并非是解决问题的灵丹妙药，却是一种健康向上的心态。有了这样的心态，在遇到不如意的事情时，便能用平和、豁达以及坦然的心态去面对。朝"好"处想同朝"坏"处想尽管只有一字之差，却代表了两种截然不同的心态，结果也会大相径庭。

有两个人都被楼上扔下的香蕉皮砸到了头，其中一个人非常气愤，站在那里大骂了一通，并因此而郁闷了一整天，这样对自己没有什么好处，既伤了神又伤了心。而另一个人则想：还好只是一个香蕉皮，而不是一个花盆。他暗地里高兴，心情变得很好，还特地去买了一张彩票，期望好运降临到自己身上。

一旦有不好的事情发生时，人们总是习惯性地将注意力聚焦在损失上。例如，往股市里投资了10万元，亏了2万元，若往坏处想："那可是我辛辛苦苦攒下的钱啊，一下子损失了这么多，我活着还有意思吗?"不过要是往好处想，就会变成："好在没有亏完，还有8万元。有了这些本钱，就还会有翻盘的机会。"

曾经有一位工人下班后被锁在了冷库里，第二天人们发现他的时候，他已被冻死了。不过让人不解的是，那天冷库根本就没有通电，里面只是常温。原来，他并非是被冻死的，而是被内心的恐惧吓死的。从这里我们可以看到，脑海里的负面信息对我们的生命有着多么大的杀伤力。美国成功学大师卡耐基说："假如我们有着快乐的思想，我们就会快乐；假如我们有着凄惨的思想，我们就会凄惨；假如我们有着害怕的思想，我们就会害怕；假如我们有着不健康的思想，我们就会生病。"

我们应该将所有致使我们消沉和痛苦的事情从记忆中抹掉，只有将这些放下了，心理才会健康，才能够重新开始崭新的人生。因此，不管生活中我们遭遇到了什么不好的事情，我们唯一要去做的，便是彻底地将它掩埋。这或许恰恰是我们获得重生的一次绝好机会，因为上帝为你关上了一扇门，总会为你打开一扇窗。

第六章

太过计较，就是和自己过不去

做人不可太计较

在西汉桓宽所著的《盐铁论·毁学》中，有这样一句话："君子怀德，小人怀土；贤士殉名，贪夫死利。"意思是说，如果你想成为君子，就不能像小人一样贪恋蝇头小利。用通俗一点儿的话说，就是做人不要太斤斤计较。

俗话说，人非圣贤，孰能无过？人人都难免会有过失，因此所有人都有需要他人原谅的那一天。做一个愿意理解并容纳别人优点与缺点的人，才会受到他人的欢迎。

有人遇到一点儿委屈或很小的损失就斤斤计较，听到与自己相左的意见或者碰到比自己强的人就耿耿于怀。在日常生活中，我们时常会遇到这样的人，也有过误解他人与被人误解的经历。

很多人一旦身陷在争斗的旋涡中，就会不由自主地焦躁起来；有时为了自己的利益，甚至只为了面子，也要强词夺理，一争高下。万一自己得了"理"，就绝不饶人，非逼得对方鸣金收兵或者自认倒霉不可。然而一次"得理不饶人"即使让你吹着胜利的号角，却也将成为下次争斗的前奏。因为这对于"战败"的一方来说，也是一种面子与利益之争，当然也会伺机"讨还"。

在争斗的时候，我们即使自己有理，也应让别人三分。事实上，有时给他人让出了台阶，同时也是为自己攒下了人情，留了一条后路。

做人就应该宽以待人，要有主动“让道”的精神。在与他人交往的过程中，往往会因为个性、脾气、爱好、要求的不同，价值观念的差异等，而产生矛盾或冲突。这时我们应记住一位哲人的话：“航行中有一条公认的规则，即那些操纵灵敏的船应该给不太灵敏的船让道。我觉得，这在人与人交往中也是应该遵循的一条规则。”

一个不愿意容纳他人缺点的人，是不会受到他人欢迎的。那种只知道对人吹毛求疵，又没完没了地批评说教的人，怎么可能拥有亲密的朋友呢？人们对他只有敬而远之罢了！

有一名大学生毕业后顺利进入一家合资公司的外贸部工作，但不幸的是，他遇到了一个爱拍马屁却什么本事都没有的主管。主管每天下班后没事也要跟着日本课长拼命“加班”，把白天理好的文件弄得乱七八糟，一旦出了错，就会将责任全部推给这名大学生。

这名大学生不算是个好“争”的人，只好忍气吞声地等日本课长长出“火眼金睛”来，结果等了3个月，一句公道话也没有等来。

大学生一气之下，就去了另一家外资公司就职。在那里，工作卖力的他很快就博得了其他同事的称赞，但无论如何也无法让苛刻、暴躁的经理满意。心灰意冷的他又萌生了跳槽之念，于是就向总裁递交了辞呈。

总裁没有竭力挽留他，只是告诉他自己处世的一条经验：假如你讨厌一个人，那么你就要试着去爱他。总裁还说，他在年轻时就曾鸡蛋里挑骨头一样在一位上司身上找优点，结果，他还真发现了上司两大优点，而上司也逐渐喜欢上了他。但气量不大的大学生还是无法忍受下去，最终递交了辞呈，跳到了另外一家公司。听说，这家公司的上司也非常让他受不了，他还想继续跳槽。

我们可以想象这名大学生的一生，由于忍受不了别人而永远在跳槽。放不下狭隘的思想，斤斤计较的他最终只会一事无成。

与人交往，气量一定要大一些，切忌斤斤计较。你给我半斤，我就给你八两；你敬我一尺，我就敬你一丈。对待他人的过失，应抱着宽容的心态，这样才有利于人际关系的密切发展，才能更快地踏上成功之路。

很久以前，有一位住在山中茅屋修行的道士。有一次，他在林中散步，一个小偷竟然光顾了他的茅舍。道士回到茅屋时，正看到小偷在偷东西。他怕惊动小偷，一直都在门外等着。小偷出来见到道士后大吃一惊。道士却满脸笑意地对他说：“你走老远的山路来探望我，总不能让你空手而归吧！夜凉了，你披着这件衣服走吧！”道士把身上的衣服给了小偷，然后小偷逃走了。第二天，道士看到门口放着昨天披在小偷身上的外衣，叠得整整齐齐的。

这位道士以宽容之心感化了小偷，使小偷改邪归正，正所谓“以爱对恨，恨自然消失”。

宽容不仅是做人的美德，也是一种明智的处世原则，是人与人交往的一剂润滑剂。将心比心，才能做到宽以待人、推己及人。推己及人，就是以自己为标尺，衡量自己的行为举止能否被他人所接受，其依据是人同此心、心同此理。将心比心，就是设身处地地为他人着想。还可以用角色互换的方法，假设自己站在对方的位置上，想一想会有什么样的反应和感觉，从而理解和体谅他人。懂得了这些，当别人理短时，我们就会大度地宽容对方，对方也才会在你理短时容让你。

常常有一些所谓的厄运，只不过是因为对别人一时的计较、狭隘或刻薄，而在自己的前行路上自设的一块绊脚石罢了；而那些所谓的幸运，也是因为无意中对别人一时的宽容、恩惠或帮助，而拓宽了自己的成功道路。

计较的根源是猜疑

很多人都会斤斤计较，其根源何在？计较的根源，其实就是猜疑。

猜疑是人性的一大弱点，它会让我们变得过分计较，从而破坏原本和谐的生活和感情。

猜疑也是一个迷阵，人们在猜疑的恐慌中就会分寸大乱，失去原来的风度和修养。一个人一旦掉进猜疑的陷阱，就会处处神经过敏，事事捕风捉影。假如我们保持乐观的心情和清醒的判断力，不计较太多，也就不会有猜疑了。

在一棵大树上的鸟巢里住着两只鸟，一只雄鸟，一只雌鸟。它们为了储存过冬的粮食，采了很多水果回来，把鸟巢堆得满满当当的。这天，因为天气很好，光线强烈，鸟巢里的水果都被晒得脱水了，体积变得很小。此时雄鸟从外面采食回来发现原来堆得满满的水果似乎少了许多，就问雌鸟："我们一起辛辛苦苦地收集水果，为什么你吃了却不告诉我呢?"雌鸟说："我没有偷吃啊!"雄鸟生气地说："不是你吃的怎么会少了这么多呢？明明就是你偷吃的还不承认!"雌鸟十分委屈地说："我真的没吃!"雄鸟十分生气，就狠心地用嘴啄着雌鸟，一直把它啄得遍体鳞伤。雌鸟忍受不了这样的虐待和委屈，就伤心地飞走了。不久之后，下了一场大雨，因为雨水的浸泡，水果又膨胀了起来，和原来一样占满了鸟巢。这时雄鸟才知道自己是多么的愚蠢，知道是自己误会了雌鸟，顿时感到万分后悔。于是它一直啼叫，希望能把雌鸟唤回来，但是它再也没看到雌鸟的影子。

猜疑更是一种消极的自我暗示心理，是一种不符合事实的主观想象。有猜疑心理的人，看待事物的时候往往会先主观假定一个自己认为合理的看法，然后将很多毫无联系的现象都经过自己的"合理想象"牵连起来，从而证明自己的看法是正确的。为了达到这种目的，甚至会无中生有地制造出一些假象来。最后导致越猜越疑，越疑越猜。猜疑心使他们提心吊胆地生活，无法解脱出来，因此痛苦万分。如果一个人被猜疑占据了心灵，那就容易造成无法挽回的悲剧。生活中，我们经常会有误会别人或被别人误会的情况发生，也会因此出现一些小问题，不过再大的问题也只是暂时的，如果处理得当的话，对以后的生活并不会有太大的影响。但千万不能有猜疑的心理，遇事总抱着怀疑的心态，对各方都是非常不利的。

在美国佛罗里达海域深处生活着两种奇怪的海洋生物。一种是头盔鱼，这种鱼的头上长着一个像头盔一样的东西。由于有了坚硬的头盔，通常形体小一点儿的动物对它根本构不成威胁，但这也给它的行动带来了诸多不便。因为头盔太沉重，它游动一阵儿就会感到非常吃力，必须停下来休息几分钟，才能继续向前游动。

还有一种动物叫作巨蝎虾。巨蝎虾长得既像蝎子又像虾，体重在10公斤左右。巨蝎虾有两把巨钳，动作敏捷，极擅捕食。但是它总是把握不准猎物所在的方位，感官非常迟钝。

而头盔鱼的感官，相对就灵敏得多，它的皮肤能够感觉到几公里以外的动物。因此，巨蝎虾和头盔鱼经常互相合作，一起进行捕食。

头盔鱼与巨蝎虾的特长各不相同，所以它们的分工很明确。头盔鱼负责指明方向、诱敌深入，巨蝎虾则负责跟踪猎物并将其捕获，然后它们一起进食。在食物丰盛的季节，它们合作愉快，收获颇丰。但在食物匮乏时，它们就产生了矛盾。假如巨蝎虾按照头盔鱼指示的方向一连几天都不能捕到猎物，它就会认为头盔鱼是在玩弄自己，于是就会趁头盔鱼不备时向其发动攻击。这时头盔鱼本能地躲避，但是它的头盔太沉重，常常躲不开巨蝎虾的猛烈攻击。所以为了不让巨蝎虾得逞，头盔鱼只得拼命自保。当头盔鱼被逼入绝境时，它会做出一些让人感到不可思议的事情来——跟巨蝎虾同归于尽。头盔鱼会凭着自己灵敏的感官将巨蝎虾带到虎鲸聚集的地方，而后毫不犹豫地钻入虎鲸的口中。巨蝎虾就这样糊里糊涂地跟头盔鱼一起断送了自己的性命。

这两种动物的命运悲剧，就是由于它们相互猜疑造成的。殊不知它们只有互相信任，才能渡过各种难关，取得最终的胜利。有人不明白相互信任的道理，认为自己只能相信自己，这个世界上的人谁都不值得信赖。我们总在无意识中对别人太严格，总觉得自己是对的，别人是错的，于是开始猜疑别人，总是在猜疑中计较着个人的成败得失。每日都在这样“算计”中的人，自然就感受不到生活的快乐。

猜疑心重的人，总是特别注意别人的态度，在和别人相处时，感觉并不是很融洽，别人随口说几句话，可能他就会觉得是对自己有什么看法，不能轻松自如地与人交往。这类人心中充满疑惑，也不愿公开展示自己，整天闷闷不乐地活在自己的世界里。爱猜疑的人，由于自己阻隔了外界信息的输入和人间真情的流露，在怀疑别人的同时也会怀疑自己，对自己的能力失去信心，变得自卑和消极。

为了不让头盔鱼和巨蝎虾那样的悲剧重演，我们一定要克服猜疑心，不能事事斤斤计较。

不要太计较别人的小瑕疵

在这个世界上，还从来没有过真正毫无瑕疵的美玉。当然，绝对完美无瑕的人，也是不存在的。但在现实生活中，我们往往会走入完美的误区，比如现在的年轻人在择偶时，经常会以电影明星来作标准。

很多年轻人在寻找恋人时，总是想象出很多动人的画面，或眉目清秀，温柔体贴；或潇洒英俊，文质彬彬；既要有面貌，又要有内涵。结果按图索骥，却无法如愿以偿。现实中所遇到的人总是不尽如人意，于是就在心里留下许多遗憾。事实上，世上哪有十全十美之人呢？如果过分苛求，那么你终将一无所获。

每个人都有着自己的长处和短处，一个异性之所以能够吸引你的眼球，肯定是有某些方面符合你的要求，不过也肯定还有些不符合你要求的地方。如果这些差异与你的处世原则不相违背，那又有何妨，或许它们才是魅力的真正所在呢。就像娇美面庞上长着一个小雀斑，不但不难看，反而会增添意想不到的风韵。

著名诗人余光中先生，就曾在《小褐斑》这首诗中用轻柔的笔触写道：如果有两个情人一样美一样的可怜/让我选有雀斑的一个/迷人全在那么一点点/ 你便是我的初选和末选，小褐斑/为了无端端那斑斑点点/蜷在耳背后，偎在唇角或眉尖/为妩媚添上神秘……美妙的，听我说，都该有印痕/月光一满轮也不例外……

由此可见，在恋爱问题上，别太追求完美，别过于在乎小瑕疵。只重视爱和相容，你才能真正觅到相知相爱的人。

世间万物，皆出一理。俗话说“金无足赤，人无完人”，一个人不可能没有瑕疵，关键在于你如何看待。不论是任用人才，还是和人交往，时时追求完美，计较别人的小缺点，可能就会误事误人。

卫国的宁戚怀才不遇，他很想帮助齐桓公治国，但苦于没有门路。他帮商人赶着装有货物的车子来到齐国，恰好遇到了齐桓公，宁戚心中悲凄，便敲着牛角大声唱着歌。齐桓公听到了歌声，不由得心中一震说：“这个唱歌的人真是与众不同啊！”当时就把宁戚请到朝中，赐给他衣服和帽子，并专门召见了宁戚。

齐桓公召见他时，宁戚便把自己如何治国的主张一下子都说给齐桓公听。齐桓公十分高兴，准备任用宁戚。但大臣们都不同意，他们劝谏说：“此人是卫国人，卫国离我们很近，不如去了解一番，假如他确实是个贤德的人，再任用他也不晚。”

“不用这样做。去了解他，无非是担心他有什么小毛病，因为他的小毛病而丢掉他的大优点，岂不失掉天下杰出的人才？”齐桓公说道。

不得不说，齐桓公是一位开明的国君，他没有在意别人的小瑕疵，而只看中对方的德才。这样待人用人，自然可以为国家招来众多贤才。

美国南北战争之始，林肯总统以为凭借北方在人力、物力、财力上的绝对优势，加之战争的正义性，短期内即可扑灭南方奴隶主军队的叛乱。

于是，林肯总统按照他平时的用人原则——没有大缺点，先后任命了三四位德高望重的谦谦君子做北方军的高级将领，想用他们在人们心中的道德感召力，用正义之师战败南方奴隶主的军队。

但事与愿违，这些没有缺点的将领在战争中却很平庸，很快便被李将军统率的南方奴隶主的军队一一击溃。

预想不到的败局，引起林肯总统的深思。他认真分析了对方的将领，从贾克森起，几乎没有一个不是满身都有大小缺点的人，但他们却具有善于带兵用兵、勇敢机智、剽悍凶猛的长处，而这些长处正是战争需要的素质。

反观自己的将领，忠厚、谦和、处世谨慎，这些做人的品格是不错的，但在充满血腥的战场上，却并不足取。

从这种分析出发，林肯力排众议，毅然起用格兰特将军为总司令。

命令一下，众皆哗然，都说格兰特好酒贪杯，难当大任。

对此，林肯笑笑，说："如果我知道他喜欢喝什么酒，我倒应该送他几桶，让大家共享。"

林肯知道北方军的将领中只有格兰特是个运筹帷幄的帅才，要用他的长处，就要容忍他的缺点。这是严酷的战争，不是教堂里的说教。

因而，当有人激烈反对他的决定时，林肯却坚定地说："我只要格兰特！"

后来，事实证明，正是对格兰特的任命，成为美国南北战争的转折点。在格兰特将军的统率下，北方军节节取胜，终于扑灭了南方奴隶主集团的武装叛乱。

每个人都有长处和短处，一个精明的用人者常能以宽容、积极的心态容忍他人的短处；善加利用他人的长处，最大限度地展其所长。这样往往能得到意想不到的收获。

这个故事告诉我们，一个人有小缺点并无大碍，关键要看他是否真的有才干。人的小缺点有时恰是人的特点，有时还会对其特长、才干产生积极的影响。张飞，只有其性格暴躁，才能称为猛张飞，在战场上所向无敌。驰骋 NBA 的超级中锋大鲨鱼奥尼尔和小巨人姚明，两人最大的差距就在于，一个在篮下横冲直闯，气势恢宏，具有强大的号召力；一个在篮板下温文尔雅，如同谦谦君子。优点能转化为缺点，缺点也可以成为优点。

古人云，水至清则无鱼，人至察则无徒。在日常生活与工作中，对别人的小瑕疵，还是不要太较真为好。

过于计较就会舍本逐末

要想在社会中生存，我们少不了与人交往，而在与人交往的过程中要想完全“平等”几乎是不存在的，所以就不可避免地会有“占便宜”或“吃亏”。

在与人交往的过程中，几乎人人都吃过亏，不过有些人吃亏是自愿的，而有些人吃亏是被迫的，有些人吃亏并不甘心，可是不管我们愿不愿意，这些都是必须经历的。

或许在很多人的意识中，吃亏是要不得的。然而并不是所有的便宜都值得去占，也不是所有的幸运都值得庆幸，换个角度想想，有时吃亏反而是件好事。

一位富商非常喜欢收集古董。为了收藏古董，他备了两个仓库，编为一号的仓库专门放置赝品，二号仓库则只放真品。

有个古董店的老板和富商相熟，一有新货，便会把东西带到富商那里。当然，其中有真品，也有赝品。不过，富商对此竟从不计较，只说声谢谢，无论真假，照单全收。

富商家里的管家觉得主人的行为非常奇怪，等古董店的老板走了之后就问主人：“老爷，您明知那是赝品，为什么还要付钱呢?”

这位富商笑了笑说：“这你就不懂了，表面上看起来我好像吃了大亏，其实不然。因为只有这样，古董店老板才会认为我常给他赚钱的机会，所以，一旦得到真正的宝物，他都会拿到我这里来。如果我专门挑拣真品，把所有的赝品都留给他，下次他就不会再找我了，我也就收集不到那么多好古董了。”

这才是富商的聪明之处，如果他不愿“吃亏”，就根本无法收集到这么多珍贵的古董。或许有人觉得“吃亏是福”是一种愚蠢的想法，只有糊涂的人才会认为“吃亏是福”。吃亏的确意味着舍弃、牺牲，但如果一个人一点儿都不懂得忍让，总想占些便宜，最终吃亏的反而可能是他自己，因为你已经把人们对你的尊重和信赖弄丢了，这样算来却是亏大了。这样的人结果什么便宜都赚不到，不但人格没了，朋友没了，金钱也会消失，亏的最终还是他自己。

有两位钓鱼高手结伴钓鱼，他们各自都有很明显的个性：一个人生性孤僻，喜欢单享独钓之乐；另一个人却性格开朗，喜欢和别人一起来钓鱼。

那位开朗的钓鱼高手看到游客钓不到鱼，就说："我来教你们钓鱼，你们学会钓鱼后，如果钓到一大堆鱼，就每十尾分给我一尾吧！"游客们听了欣然同意。

就这样，他把自己的钓鱼技术与经验都教给了一群又一群的游客。结果一天下来，他获得了满满一大箩鱼，还认识了很多新朋友，备受大伙的尊崇，被大家称为老师。

而那位孤僻的钓鱼高手，不仅收获的鱼比同伴少许多，更没有同伴那样的愉快。

做生意的人都知道有双赢一说，但这其中一定是有一方肯吃亏的。就像世界500强企业鸿海老总郭台铭说的那样："我是山西人，山西人做生意不讲'零和'而讲'双赢'。比如有3个面包，3个面包我全吃掉，一点渣儿也不给你留，这是零和；但是我吃两个你也可以吃一个，这就是双赢。山西人做生意眼光长远、精明，但绝不失厚道。"

过于斤斤计较，得失心太重，反而会舍本逐末。吃一点儿亏，常常令人感激你宽广的胸怀，这也不失为拥有好人缘的一种办法。聪明的人用吃亏获得更多成功，而那些自认为聪明的人只愿意独享利益，这样的话会使利益的蛋糕越来越小，最终财富源头枯竭，失去长久的成功机会。在永远不想吃亏的斤斤计较中，怕吃亏的人总是在恐惧中面临下一次真正的吃亏。

计较旧怨是不成熟的表现

做人应该有向前看的目光，不计较过去的恩怨得失，才能放下包袱，把该做的事情做好。

东汉末年，群雄并起，曹操为了扩大势力，派使者向拥有大量甲兵的许攸游说，想将他收为己用。

曹操使者对许攸说：“我家主公仁爱尊贤，早晚必成大事。他敬你是一方豪杰，这才真心招抚。你若投到我家主公门下，他一定会重用你的。否则，以你的势力，终会被别人吞没。”

许攸却不肯归附，他说：“曹操表面谦恭，其实奸诈凶狠，他怎会对我有好意呢？我是不会上他的当的。”

使者将许攸的话转告给曹操后，曹操却不生气，还对手下人说：“不战而屈人之兵，这才是上策。许攸不投降于我，看来是我的诚意还不够啊！”

因此，曹操再次派使者前往，而且携带了重礼。不想不等使者开口劝降，许攸就破口大骂：“曹操小儿把我当小孩耍，这点钱财就想买我万千甲兵吗？你简直欺人太甚，日后我抓到了你，一定要把你碎尸万段！”

这次许攸痛打了使者一顿，然后将他放回。曹操被激怒了，他召集众将说：“许攸不识抬举，对我无礼，我一定要消灭他。我主意已决，你们谁也不要多言了！”曹操气得脸色发青，众将心中害怕，都不敢前去劝谏。

谋士杜袭见曹操把刀横放在膝盖上，知道他不好规劝了。杜袭没有直接劝他改变主意，而是问道：“你认为许攸是个什么样的人呢？”

曹操依旧脸色阴沉，愤愤地说道：“许攸算个什么东西，他只不过是一个凡夫俗子罢了！”

杜袭就说：“许攸确实不是个东西，他哪里值得让你这样记恨他啊？只有贤人才能知道贤人，只有圣人才能知道圣人。许攸微不足道，他是不会了解你这非凡之人的心意的。所以说，你千万别和他计较。现在豺狼当道，我们的大敌远不止一两个。你要称雄天下，就要放开心胸，尽力收服像许攸这样的小股势力。只要你忘记许攸对你的不敬，耐心劝说他，他一定会归降于你的。”

经杜袭这样一点化，曹操马上就醒悟了，后又多次派人招降许攸，终于感动了许攸，顺利归附。

曹操拥有做大事的气度，他原谅了许攸的无礼，结果不动刀兵就收到了奇效，使自己的实力大增。

其实，看重算旧账的人，常常是旧账未了，又添新恨，实在是没有必要。旧的恩怨不解，就会堵住很多新路，让你无法前行。从现实利益角度考虑，抓住过去不放是最吃亏的，因为情感问题而耽误大事实在是糊涂至极。

那种不愿向前看的人是愚蠢的，他们活在昨日的阴影里，消磨着宝贵的生命。每个聪明人都应该懂得这样的道理：忘记过去的是非，并不代表是在否定自己，而是相信现在和将来的生活更有价值与意义。如果你是一个聪明人，就会理解其中的深意。

心胸要豁达，人和万事兴

孟子认为，君子之所以异于常人，就在于他们能时时自我反省。即使受到他人不合理的对待，也必定先反省自己本身，自问：我是否做到仁的境界？是否欠缺礼？否则别人为何如此待我？等到自我反省的结果合乎仁也合乎礼了，而对方强横的态度却仍然不改，那时，君子又必须反问自己：我一定还有不够真诚的地方。当反省的结果是自己没有不够真诚的地方，而对方强横的态度依然如故，君子这时才感慨地说：“他不过是个妄诞的人罢了。这种人和禽兽又有何差别呢？对于禽兽根本不必与之斤斤计较。”

每个人都生活在人群中，有人的地方自然会有矛盾，有了分歧该怎么办？很多人都喜欢争吵，非论个是非曲直不可。其实这种做法不明智，吵架又伤和气又伤感情，不值；不如大事化小、小事化了。俗话说家和万事兴，推而广之，人和也万事兴。人际交往中切不可太认死理，有时装装糊涂于人于己都有利。

事实上，按照一般常情，任何人都不会把过去的经历轻易地从记忆中抹去。就某些方面来讲，人们有时会有执念很深的一些事情，甚至会终生不忘。但是，要知道，记忆中的怨恨会越积越深，随时随地都可能反作用于自己。因此，为了避免招致别人的怨愤，尽量少得罪人，一个人行事须小心在意。

《老子》中据此提出了“报怨以德”的思想。孔子也曾提出类似的话来教育弟子：“以直报怨，以德报德。”其含义均是叫人处世时心胸要豁达，以君子般的坦然姿态应付一切。

《老子》中对如何不与别人发生冲突也做了阐述。有一次，有一个人去拜访老子，到了老子家中，看到室内凌乱不堪，心中感到吃惊。于是，他大声咒骂了一通扬长而去，翌日又回来向老子致歉。老子淡然地说：“你好像很在意智者的概念，其实对我来讲，这是毫无意义的。所以，如果昨天你说我是马的话我也会承认的。因为别人既然这么认为，一定有他的根据，假如我顶撞回去，他一定会骂得更厉害。这就是我从来不去反驳别人的缘故。”

从这个故事中，我们可以得到如下启示：在现实生活中，当双方发生矛盾或冲突时，对于别人的批评，除了虚心接受之外，还要养成毫不在意的心态。

其实，只要自己能自由自在地按照自己的方式生活，又何必在意别人说些什么呢？

与人发生矛盾时，一定要心胸豁达，有涵养，不要为了不值得的小事去得罪别人。而且生活中常有一些人喜欢论人短长，在背后说三道四。如果听到有人这样谈论自己，完全不必理睬这种人。

太较真儿只会伤害自己

有一个人把一只蜻蜓放在一间屋子里，屋子的门大开着，但是窗户全都关着。由于玻璃是透明的，蜻蜓只是拼命地向玻璃窗飞，可是它每次都撞到玻璃上，经过几次撞击后，蜻蜓就开始在上面挣扎，但过一会儿神志恢复后，它还是会在屋子里飞上一圈，然后继续朝玻璃上飞去。

毫无疑问，即使蜻蜓撞得头破血流，它也飞不出这间屋子。玻璃窗旁边是开着的门，只是没有窗户看起来明亮而已，而蜻蜓只顾追求光明，根本就不看门一眼，更不用说往那儿飞了。

即使它遭受了多次撞击的失败和伤痛，还是坚持自己寻找光明的方向，它并不知道，跟所谓的“光明”较真儿只会让自己受伤。

看到这么愚蠢的蜻蜓时，也许有人会笑。但在现实生活中，这样的人并不少。在我们每个人的身边，都有一些人为了获得自己认为的成功，只盯着一条路走下去，即使常常在尝试与失败之间兜圈子，也执迷不悟。而另一些选择了看似比较遥远目标的人，反而更容易成功。

有一种叫泥鱼的动物，每当遇到干旱，河水逐渐干涸时，水里其他的生物都会因为缺水而失去生命，而泥鱼却依然活得悠然自得，因为它只要找到一块儿能装下自己身体的泥滩，就可以把整个身体藏在泥里不动。

由于泥鱼总是躲在泥里一动不动，身体也处在一种休眠的状态，所以它待在淤泥中半年甚至一年都不会死掉。

就这样，等到河里有水了，泥鱼就会慢慢地从泥里钻出来，又一次生龙活虎地在池塘中活动。这时，在干旱时死去的生物的尸体就成了泥鱼最好的食物，因此泥鱼就能够很快地繁殖，不久它们就会成为池塘中的统治者。

所谓“物竞天择，适者生存”，正是因为泥鱼有这种适应环境的生存能力，所以它又是有不死之身的奇特生物。泥鱼的聪明之处就在于懂得应变之道。

在面对问题时，我们应该学学泥鱼这种技巧，我们的人生之路才会变得畅通无阻。如果我们的目标是一道不可攀缘的陡峭山壁，就不必非坚持不可了。在困难面前，暂时选择另一条和自己目标接近甚至背道而驰的路，也许才是我们智慧的体现。

不妨再看一个故事。几天来的大雨，使原来干涸的小河又重新流淌起来。有一个妙龄女子想过这条小河，可是看看及膝的河水，河上又没有桥，不禁暗暗发愁。

下山化斋的老和尚带着小和尚正好也来到此处，此女子见了赶忙问道：“两位师父，小女子想过河去，请问能否帮忙背我过河?”

此刻，小和尚心想：“男女有别，授受不亲。何况我等佛门中人，更不可近女色。”谁知，在小和尚思忖之间，老和尚却对那个女子说：“女施主，老衲愿背你过河。”

就这样，老和尚将女子背过了河，然后放下她，与小和尚继续上路了。

一路上，小和尚不禁心里嘀咕：“师父怎么了，竟背一女子过河?”他一路走，一路想，最后终于忍不住了，就说：“师父，佛家有云，不可亲近女色，你背了那个女人，这不是犯戒吗?”

老和尚遂叹道：“我早已在先前那座山上把那个女子放下了，而你却还一直背在心里!”

尽管世人认为执着的精神确实可嘉，但如果执着于错误或偏激，则失之过于较真儿了。无论什么事，过去就算了，再加计较就是在为自己增加无谓的心理负担。

解开心结，别和自己过不去

很多人都在感慨自己生活中困扰太多，而快乐太少。

你是不是觉得人生本应一帆风顺，那些降临在自己身上的挫折与困难都该全部消失，否则便要怨天尤人?

你是不是期待所有人都应该友好、平等地待你，而你所追求的心仪对象应该愉快地接受你，否则便会觉得沮丧焦虑?

你是不是要求自己尽善尽美地完成工作，稍有失误就自我否定或自我谴责?

其实，上述种种不快大都源于你自己，是你自己在困扰自己。

在心理学上，“心结”这个词是指内心的不快、束缚或疙瘩。比如，当某人对你说话不友好时，如果你不知道他为什么要这样说，就会感到非常恼怒，这时，一个疙瘩就在你的心中形成了。如果心中的这个结解不开，你就会因此而受到伤害。

生活中难免有一些磕磕碰碰，我们要学会营造自我调节空间，才能化解这些疙瘩。说实话，许多事情只要卸下思想上的包袱，想通了，就不是什么烦心事了。只有解开思想上的结，人生才能走得更轻松，才能得到更多的快乐和幸福。解开一个心结，人生就走进了一个美好的世界。时间可以改变一些东西，时间也可以让我们忘掉那一时的不快，时间会给我们机会去解开一些心结。

张先生在候车室里认识了一个同乡的朋友，经过简单的几句交谈后，这个朋友便谈到他此次出门的原因。他这次是在百忙之中放下自己经营的公司，来看望一位挚友的。

谈到这位挚友时，他的话语便多了几分感叹和无奈。原本他很恨对方，那是因为他刚进一家公司做事，就因一次小小的失误，被这位担任领导的挚友扣了20%的绩效奖金，还被通报批评。这让他一直愤愤不平，在以后的工作中，不论这位挚友怎样努力地想解除那个误会，他都固执地不肯原谅，甚至连问声好都不愿意。

但是渐渐地，他开始发觉，挚友在同事生日会上小心翼翼地给加班加点的他留了一块蛋糕；在端午节的时候，为他煞费苦心地包了两个粽子；在炎炎夏日，经常在他凌乱的办公桌上放几颗鲜嫩的荔枝；还为他熬夜悄悄地修改不甚完美的文案。

终于在一个节假日的午后，他对这位诚恳的挚友上司说了三个月来的第一句话：“谢谢！”而他却看见对方那惊喜万分的表情，挚友还孩子气十足地叫了一声“万岁”！他开心地笑了。

从此，公司里就多了一对共欢乐同奋斗的好兄弟。

“在上一年度的体检中我们才知道他得了绝症，是晚期肺癌。”这个老乡说到这里，张先生看到他潮红的眼睛，“医生说他最多只能再坚持一个月了。我想陪陪他，就说说以前，说我怎么恨他，又怎么原谅他的。”

“那你的公司应该还有许多事情要处理吧?”张先生问道。

“我能用我一生的时间陪伴我的公司，但我只剩下一个月的时间和我的朋友一起度过了。”他重复了最后一句话，努力在痛苦中使自己保持微笑。

即使是死结，在细心与努力中，也终究会有解开的一天。而解开的那一刻，也就是心情最轻松愉快的一刻。在很多时候，人心中的结并非解不开，而是不愿意解开罢了。因为那是自己生命中的一部分呀！谁都会将这一切埋在心中，多年之后，当成一种温馨的回忆——一种记录了生命的无奈的回忆——来封存。

生命固然需要执着，但执着过了头就是固执。一个固执的人总会因为太多的固执而失去很多。所以，要有结果才能坚持，固执的人的坚持没有结局，没有收获，只会让自己的生命多一些遗憾、多一些失落。

有过失没关系，试着学会原谅自己

仔细观察周围，我们会发现，在日常生活中，绝大多数人都是亲切的、富有爱心的，也是宽容的。你若犯了错，而且真诚地希望得到他人的宽恕时，大部分人都会原谅你，他们会把事情忘得一干二净，让你再次面对他们时一点儿也没有愧疚感。

难能可贵的是，我们这种亲切的态度对所有人都一样，不分人种、地域、民族，但就只对一个人例外。这个人是谁呢？他就是我们自己。

也许你会说："人不都是自私的吗？怎么会严于律己，宽以待人？"不错，人总是会很容易原谅自己，只不过，这只是表面上的饶恕而已，若不这么自我安慰的话，又怎样去面对他人呢？但在潜意识中，却会反复地自责："我为什么会那么笨？当时要是再细心一点儿就好了。"或是："这样的错怎能让它再次发生呢？我真是该死！"

你若还不相信，那么就请你想想自己有没有犯过严重的错误，如果想得出来，那你一定有过耿耿于怀，并没有真正忘记它。表面上你是原谅了自己，实际上你是把自责收进了潜意识中。

我们对他人可以这么宽大，难道自己就没有资格获得这样的仁慈吗？没错，我们是犯了错。但是这个世界上谁能永远不犯错误呢？犯错只表示我们是一般的人，不代表就该承受地狱般的折磨。我们应该做的只是正视这种错误的存在，在错误中学习，确保以后不会发生同样的错。接下来就应该获得自己的宽恕，然后就得将它忘掉，继续大踏步前行。

每个人都会犯错，若是对每一件错事都深深自责，一辈子就只能背着一大堆罪恶感生活下去了，这样的话，你还奢望自己能够走多远吗？

犯错误对任何人来说，都不是一件愉快的事，一个人在遭受打击的时候，难免会格外消沉。在那些灰色的日子里，你会觉得自己像失败的拳击选手一样，被那重重的一拳击倒在地，头昏眼花不说，满耳朵里还都是观众的嘲笑声，这就是失败的感觉。在那个时候，你觉得简直就不想再爬起来了，觉得已经没有力气爬起来了。可是，你一定会爬起来的，不论是在裁判数到十之前，还是之后。并且，你还会慢慢恢复体力，平复创伤，你的眼睛会再度张开，看见光明的前途。你会忘掉观众的嘲笑与失败的耻辱。你会为自己找到一条更合适的路。

玛丽·科莱利曾说："如果我是块泥土，那么我这块泥土，也预备给勇敢的人来践踏。"若在表情和言行上时时显露卑微，每件事都不信任自己、不尊重自己，那么这种人也就得不到别人的信任和尊重。

上帝给人巨大的力量，鼓励人们去从事伟大的事业。这种力量潜伏在我们的脑海里，使每个人都具有宏韬伟略，能够使精神不灭、万古流芳。如果一个人不尽到自己的人生职责，在最有力量、最可能成功的时候把自己的力量不施展出来，那么你就不可能获得成功。

请你记住，学会宽恕，学会忘记，才能在人生的道路上不断前进。宽恕自己，才能把犯错和自责的逆风化为成功的推力。同样，只有宽容待己，热爱自己的人，才会懂得宽容地对待他人，才会热爱他人。

美国有一位医生，曾做过这样一项研究：200 名参加宴会的宾客品尝了同样的食物，其中一半人食物中毒，但另一半人却安然无恙。他觉得好奇，想了解其中的奥妙。结果发现那些没有中毒的人生活态度很积极，对事情较看得开，做事较有弹性，用心理学的话来讲，就是他们心灵的力量较大、较强。换句话说，心态越好，人就会越健康，因为免疫系统会比较强。

热爱自己吧，因为你是你今生的唯一；善待自己吧，因为你会获得对自己的认同和理解。只有热爱自己，才能更好地热爱他人，同时让他人热爱自己。

万晓丽是一家公司的公关部经理，她最近失恋了。这让她变成一个泄了气的皮球。她说："我就像一只折断了翅膀的丑小鸭，整个世界都把我抛弃了。"可是，她忘了，失恋的自己依然是独一无二的自己。如果她学会热爱自己、喜欢自己，她就不会说这么傻的话了。

万晓丽的一位学姐这样劝告她，你应该这样告诉自己：如果没有我，这个自我将变成一纸空文；如果没有我，这个生命将戛然而止；如果没有我，这个世界将变成一片废墟。虽然在整个宇宙，我不过是沧海一粟；但是对于我自己，我就是我的全部。为此我必须要珍重自己，才能得到别人的珍重；我一定要善待自己，才对得起自己。

听了学姐的劝告，万晓丽终于学会了自省。晚上躺在床上时，她会这样对自己说："我这是怎么了？为什么要这样虐待自己啊？从前做项目的时候我能很轻易地说服别人，为什么就不能走出这段感情旋涡呢？仔细想来，我没有什么不对，是他不对，是他玩弄了我的感情。应该难过的是他而不是我才对。那么我究竟是为了什么呢？"

经过几个晚上的反省，万晓丽终于找到了问题的症结所在，那就是自尊，是狭隘的自尊几乎毁了自己。说起来，从小被众星捧月的她从来没有受过别人的冷漠。她之所以痛苦，不是因为失去的那个男人，而是为了自己狭隘的自尊。于是，她对自己说："现在我明白了，那样的自尊不能要，它是虚荣的幻影，一个坚实的自尊来源于真正的自爱。我爱我自己，还有什么可以让我自惭形秽的呢？"就这样，万晓丽否定了自己的虚荣，学会了自爱，于是不再痛苦，并很快走出了失恋的阴影，坦然地接受成熟的自己。

所谓的自爱并不是自恋，自爱的人懂得将心比心的厚重，而自恋的人只想一味索取，不肯给予。自爱的人懂得生命之不易，为使自己在有限的生命里过得更加充实，会设法挖掘自身的所有潜能，并为自己的目标竭尽全力；自爱的人就像爱护自己的生命一样爱护自己的名誉与尊严，不会为眼前的利益卑躬屈膝，更不屑因为自己的成功便对他人狂妄自大或蛮横无理；自爱的人在精神上是独立的，无须掠夺别人，更不会出卖自己；真正自爱的人因着自己的充实而平静，最后将走入"不以物喜，不以己悲"的自由与和谐的境界。

事实上心灵的力量是很容易培养的，因为人的心灵很单纯，唯一的要求就是相信自己、肯定自己。相信自己是个好人，勤奋、努力、认真、节俭，肯定自己的大方、仁慈、善良。但是，相信自己的最大困难，就是人永远喜欢与别人比较，并通过不正确的对比，认为自己不够优秀，因为别人比自己更优秀；自己不够仁慈，因为有人比自己更仁慈；自己不够漂亮，因为别人比自己更漂亮，等等。

我们活着，是一种责任，最重要的是要有爱。热爱自己，热爱他人，这才是生命的意义。学会热爱自己的第一步，就是不用别人的标准来评判自己，而建立起自己的一套价值标准，然后将其作为生活的依据。我们还要学习怎样和自己相处，不要盲目批判自己，对自己要多一些友善与宽容，这样才能活得更顺心如意。

千万别跟自己对着干

大多数人悲叹生命的有限与生活的艰辛，却只有极少数人能在有限的生命里活出自己的快乐。一个人快乐不快乐，关键在于什么呢？其实，它主要取决于一种心态，尤其是怎样善待自己的心态。

烦恼总是会有的，有时人生的烦恼，不在于你自己获得多少、拥有多少，而是因为自己想得到的更多。你若总是想得到太多，而自己的能力又很有限，就必然会感到失望与不满。之后，你就会开始自己折磨自己，说自己“太笨”、“不争气”等，这样就会经常自己与自己较劲儿，和自己过不去。

如果静下心来仔细想想，生活中的许多事情，并不是你的能力不够强，而是因为你的愿望不够贴近实际。我们要相信自己的天赋，相信自己具有做好各种事情的才能。当然，相信自己的能力，并不代表要强迫自己去做那些自己力所不能及的事。其实，世间任何事情都有一个极限，如果超过了这个极限再去做事，是非常不明智的。我们应该时常肯定自己，尽力发挥我们能够发挥的潜力，剩下的就安心交给老天来处理。只要尽心尽力，只要不断地朝着更高的目标迈进，我们的心中就会保持一份悠然自得，也就不会再跟自己过不去，或者责备、怨恨自己了，因为我们已经尽力了。这样，即便在生命结束之时，我们也能问心无愧地对自己说：“我已经尽了最大的努力了，我此生无憾了。”

凡事别跟自己过不去，要知道，人人都有这样或那样的缺陷，世界上不存在十全十美的人。这样想，不是为了给自己开脱，而是让自己的心灵不会被挤压得支离破碎，让其永远保持对生活的执着追求和美好憧憬。

曾经有人问古希腊大学问家安提司泰尼：“你从哲学中获得了什

么呢？”他回答道：“我获得了同自己谈话的能力。”

在冥冥之中，我们总是希望天底下有一个最了解自己的人，能在大千世界中坐下来静静倾听自己心灵的声音，能够在熙熙攘攘的人群中为我们开辟一方心灵的净土。可是，芸芸众生中，“万般心事付瑶琴，弦断有谁听”？

说起来，我们自己不就是自己最好的知音吗？在世界上还有谁能比自己更了解自己呢？还有谁能比自己更能替自己保守秘密呢？

当你烦躁、无聊的时候，不妨和自己说说话，让心灵退到自己的灵魂中，来一次与自己心灵的亲密接触，静下心来聆听自己心中的声音，问问自己：我为什么要烦恼？为什么要不快？我是否满意当前的生活？我的待人处世错在哪儿？我是不是还要追求工作中的成就？我要的是现在自己的样子吗？生命如果就这样走完，我会不会有所遗憾？我让生活压垮或埋没了吗？人生至此，我得到了什么，又失去了什么？我还在追求什么？等等。

就这样，在自己的天地里，你可以慢慢修复自己受伤的心灵，可以毫无顾忌地得意一下，可以一丝不挂地剖析自己。你还可以真诚地说服自己、感动自己、征服自己。正如一位作家所言：“自己把自己说服了，是一种理智的胜利；自己被自己感动了，是一种心灵的升华；自己把自己征服了，是一种人生的成熟。”如果你把自己说服了、感动了、征服了，人生还有什么样的挫折、痛苦、不幸不能被我们征服呢？

那开阔而清静的心灵空间是美好生活的一部分，相信我们每个人的内心之中都有这样一个心灵的避风港。当我们在人生的旅途中走得累了、烦了，不妨走进自己营造的心灵小屋，平静下来，把琐碎的事情、生活的烦忧暂时抛到九霄云外，静静地倾听自己的心灵之音。

人生不易，何必再为难自己

生活中，有很多事是很难做成功的，若自己想尽一切办法都还做不好，就不要再为难自己了。

人生本不易，做人很艰难，何必还要苦苦为难自己。我们总想尽力做好每一件事情，却往往得不到别人的认可，或不能取得成功。为此，我们十分苦恼。事实上，与其越做越糟，不如洒脱地放弃。前面总是会有更好的风景在等待着你去欣赏，何必为眼前的这些暗淡境遇而延误生命的美丽进程呢？

俗话说“金无足赤，人无完人”，每个人都应该认识到自己是不完美的。即使全世界最出色的足球选手，十次传球，也有三四次失误；最出色的篮球选手，投篮的命中率，也只有七八成；最精明的股票投资专家，也有马失前蹄的时候。

既然连最优秀的人去做自己最擅长的事，都不能达到万无一失，那么我们的失误肯定就更多。

也就是说，我们绝不可能让每个人都满意。每个人都会有他自己的感觉，都会根据自己的想法来看待这个世界。所以，不要试图让所有人都对你感到满意，否则你将永远也得不到幸福。

在现实生活中，我们也常常会遇见这样的事情：当某人做了一件善事，而引起身边同事们的注意时，就会听到各种截然不同的议论。张三说你做得好，大公无私；李四说你野心勃勃，一心想往上爬；领导赞你有爱心，值得表扬；下属则说你在作个人宣传……

总而言之，各种各样的议论，有的如同飞絮，有的好似利箭，迎面扑来，怎么办呢？

其实，最好的办法，就是“有则改之，无则加勉”。

他人说的，让人去说；他人做的，让人去做。嘴巴长在人家脸上，你想控制也控制不了。但是，绝不要被他人的评论绊住自己，更不要因别人的言语而苦恼。记住，你就是你，你才是你自己的真正主人！

许多人的通病，就是不了解自己，他们往往在还没有弄清楚自己的能力、兴趣前，就一头栽在一个遥不可及的目标里，每天受着辛苦和疲惫的折磨。他们希望获得别人的掌声，赢得别人的羡慕。

为此，他们不惜走进完美的误区，做任何事都要求完美。久而久之，他们的生活就会变成负担和苦闷，而非享受了。

一个人贵在了解自己，根据自己的能力去做事，才能真正地收获喜悦。不论什么时候，你都不必刻意去要求自己，不要觉得自己的步伐太小太慢，重要的是每一步都能走得稳当，这样才能笑到最后，成为最终的赢家。

第七章

感谢那些折磨你的人

感谢让你饱受折磨的人

为了拴牛更方便些，一家农场的农场主就在自家庄园里一棵榆树的主干上箍了一个铁圈。随着榆树慢慢长大，那个铁圈开始逐渐地长到榆树的身体里，在榆树的表皮留下一圈儿很深的伤痕。榆树对于这个来自身体之外的物体并没有任何排斥，它同其他榆树一样，坚强茁壮地成长起来。这样，只不过相比其他榆树有些难看，因为除了那圈伤痕外，它的周围还有许多小伤痕。很多年过后，这里突然出现了一种奇怪的榆树病，方圆几十里的榆树全都遭受病害死掉了，唯独这家农场内那棵箍着铁圈、留下重重伤痕的榆树没有死去。

这种现象引起了植物学家们浓厚的兴趣，这棵看起来并不特殊的榆树为什么能够幸免于难呢？植物学家组织人员对它进行了多种研究和调查。最后的结果让人吃惊，原来是给榆树留下重重伤痕的铁圈拯救了它，榆树从锈蚀的铁圈中吸收了大量的铁，而此次病害的元凶是真菌，这棵榆树却因“补铁”对真菌产生了免疫力，所以病害来袭时，其他榆树都枯死了，唯独这棵榆树活得郁郁葱葱。

榆树上的铁圈，一如现实中的折磨，我们所忍受的痛苦终将会有回报。也许你会发现，那些在社会上打拼多年的人，若能一直坚强地挺过来，最终大都能取得不俗的成功。而他们是不会抱怨“折磨”自己的人的，因为他们知道，自己之所以能够变得更强大，很大程度上正归功于遭受了那些折磨。

在苏格兰的布鲁斯国王与英格兰军队的一次战役中，布鲁斯国王惨败在英格兰军队手下，他的军队都被英格兰军队打得落花流水。后来，布鲁斯国王带着手下的残兵败将躲到一个废弃的工厂中。他对自己很失望，认为自己不可能赢得这场战争。失去斗志的布鲁斯国王丧气地躺在冰冷的地面上。这时，一只蜘蛛正在他躺着的上方结网，在网即将结成的时候，一阵大风突然刮来，把即将结成的网吹得支离破碎。让他没料到的是，蜘蛛不久就又开始吐丝重新做网。为了给自己找点儿事做，布鲁斯国王对这只蜘蛛产生了兴趣，看到蜘蛛的网又快要结成了，他就动手把网毁掉。这对蜘蛛而言无疑又是一场灾难，可蜘蛛并不介意，也没有退缩，而是又重新开始结下一张网。布鲁斯国王再一次破坏了蜘蛛的工程，就这样持续了 7 次，蜘蛛仍然继续它的工程。布鲁斯国王开始惊奇了，他想：这么小的蜘蛛失败这么多次，都不曾放弃，而我仅被打败两次，就想放弃再次战斗的信心，这样的我是不是还不如一只小小的蜘蛛呢？布鲁斯国王不再去破坏蜘蛛的工作，而是盯着蜘蛛最终成功地建造起自己的家园。

次日，布鲁斯国王重新燃起斗志，很快就又组建了一支军队，并对他们进行了严格的训练。几个月后，布鲁斯国王再次向英格兰军队发起进攻，他带领着士兵冲锋在战场的第一线，战士也因此受到了极大的鼓舞，都奋勇地为他作战。凭着士兵们的勇敢和以前失败的经验，最终他们胜利了，布鲁斯国王和他的士兵赶走了苏格兰领土上的英格兰人。

在成功的道路上，是不会缺少艰难险阻的。一如平坦的路上不会有奇珍异果的芳香，正是困难才让一个人的成功显得弥足珍贵。困难并非我们的敌人，而是对成功的考验，只有经历多次与困难的搏斗，才能取得最终的胜利。成功之门，永远只会向那些经历过失败和挫折的人敞开。

罗曼·罗兰曾说：“只有把抱怨别人和环境的心态，转化为向前的力量，你才会拥有成功的保障。”的确如此，只有我们懂得感谢曾经折磨过自己的人或事，才能体会出那短暂而有风险的生命意义。我们要牢记，别人永远不会伤害我们，只有我们自己会伤害自己。

从现在开始，请感谢那些让你经受挫折的人，感谢那些折磨你的人和事吧，因为他们不但没有伤害你，反而给了你更坚强的生活信心。生命中的每个人或每件事，都可能给你一个走得更高、更远的机会。每当你解决一个困难，也就意味着在以后的日子里，你将不再需要经历该困难，这就是对你的最大奖赏。

成就你的人，可能恰恰就是为难你的人

一个人的潜力是无限的，在没有压力的时候，往往懒得发挥。这样看来，有人给我们制造压力，反倒会更好。

上帝在创造鱼的时候，为了让它们能够生存下来，就把它们的身体造成流线型，而且非常光滑，这样一来，鱼在水里游的时候，能够大大减少水的阻力。与此同时，上帝还为每种鱼制造了一种短而有力的鳍，鱼能够在大海中自由自在地游动全靠它们的帮助。

可是，当上帝把这些鱼全部放在大海中的时候，他又开始担心起来，鱼的身体比水重，如果鱼因休息而停止游动的话，就会沉向海底，当沉到一定深度的时候，深水中的压力就会压死鱼。

因此，上帝又赶快找回这些鱼，给了它们一个法宝——鳔。这个法宝是一个能够控制身体的气囊，鱼一旦有了鳔以后，就能够用增大或缩小气囊的办法来调节自身的沉浮。有了这个气囊，鱼儿们就能够随意地畅游在海里的任何深度，也可以随便选择停留的时间和地点，这样它们就轻快多了，这对鱼来说无疑是最好的了。

但上帝并未给鲨鱼安装鱼鳔，因为鲨鱼是个调皮捣蛋的家伙，它一到大海，便了无踪影，上帝花了很长时间也未找到鲨鱼。上帝心想，一切随缘吧，既然找不到它，那就算了吧。可是上帝还是觉得这样对鲨鱼不公平，因为它很可能会因为缺少鳔，而成为海洋中

的弱者，最后必定会被淘汰掉。上帝为此感到很伤心，因此，他又继续在海里找，但是始终没有发现鲨鱼的踪迹。

数亿年之后，忽然有一天，上帝想起自己多年前放到海中的那群鱼，他很想知道这些鱼现在的状况，尤其想知道那条没有鱼鳔的鲨鱼是否已经被其他鱼吃光了。如果它侥幸存活的话，现在又过得怎样？

就这样，上帝来到了鱼的家族，把当初塑造的鱼都找了过来。现如今，他已经分不清楚当初的那些大鱼小鱼了，因为它们似乎连颜色都改变很大。数亿年的时间，让所有的鱼都发生了改变。

见到活着的这些鱼，上帝很高兴，不过它们都改变很大，已经分不清这其中谁是当初那条鲨鱼了。上帝有些黯然，但仍抱着希望问大家：“你们之中，谁是鲨鱼呢？”此时，一群威猛强悍、神采飞扬的鱼迅速地游了过来，其余的鱼都为它们让开路，它们就是这个海中的霸王——鲨鱼。这让上帝大为吃惊，怎么可能呢？鲨鱼没有鱼鳔啊，它要承受比其它任何鱼类都大的压力，而且还要面临更多的风险。可是就目前的境况而言，鲨鱼毫无疑问是鱼中的王者了，这让上帝很不解。

见此情形，鲨鱼非常自豪地说：“当初我们是没有鱼鳔，也时时刻刻都面临着来自周围的各种危险。但是，正因为没有鱼鳔的缘故，我们一刻也不曾停止过游动，不然我们将直接沉入到海底深处而丢掉性命。因此，亿万年以来，我们鲨鱼家族从没停止过游动。我们一直坚持向前游动，从没因为累了而有片刻的休息，也从没停止过对外来侵袭的抗争，游动和抗争成了我们的生存方式。正因为如此，我们才练就了最强壮的身体，海中的霸王自然就属于我们了。”

生存的压力是生活的必需品。很多时候，原本看上去永无止境的压力和困境，往往会在不知不觉中让我们的能力得到提升；而没人为难我们，我们反倒会倒退或者停滞不前。

在秘鲁的国家动物园内，有一只异常珍贵的美洲虎，它是一种濒临灭绝的动物，世界上仅存17只。

为了保护这只虎，秘鲁政府下令从大自然里单独圈出1600英亩的山地修了虎园，让它过最美好、最自由的生活。

来这里参观过虎园的人都说，这儿真是虎的天堂，里面有山有水，山上花木葱茏，山下溪水潺潺，还有成群结队的牛、羊、兔供老虎享用。

但奇怪的是，这只老虎只吃管理员送来的肉食，没有人见到它捕捉过任何猎物，也没见它威风凛凛地从山上冲下来。

这只美洲虎整天躺在装有空调的虎房里，吃了睡，睡了吃，一点儿都提不起精神。

一位参观者说它太孤独了。一只没有爱情、没有伴侣的老虎，怎么能有精神呢？于是就有热心的市民自愿集资，又通过外交渠道，与哥伦比亚和巴拉圭达成协议，定期从他们那儿租雌虎来陪它生活。

然而，这项人道主义之举，并未带来多大改观，那只美洲虎最多陪女友走出虎房，到阳光下站一站，不久又回到虎房里。该努力的都努力了，人们不知道它还有什么不满足的地方。

一天，一位来此参观的动物学家说，它怎么能不懒洋洋？虎是林中之王，你们放一群只吃草的小动物，能提起它的兴趣吗？这么大的虎园，不弄几只狼来，至少也得放几条豺狗吧？虎园领导听他说得有理，就捉了三只豹子投进虎园。

这一招果然灵验，自从三只豹子进了虎园后，美洲虎便不再睡懒觉了，也很少回虎房。它时而站在山顶引颈长啸，时而冲下山来，雄赳赳地满园巡逻。时而冲到豹子面前，放肆地挑衅。没多久，它还让巴拉圭的一只雌虎生下了一只小虎崽……

总之，美洲虎那刚烈威猛、霸气十足的本性，又被大大地激活了，它又重新成为了园中之王。

一只没有对手的动物，一定是死气沉沉的动物。一个没有对手的民族，必定成为一个不思进取的民族。同样，一个人，一个团体，一个组织，如果没有了对手，也可能会走向堕落甚至灭绝。换言之，正是你的对手，正是那些为难你的人，正是让你饱尝痛苦的挫折，才真正成就了你。

在现实生活中，苦难与挫折总会不期而至，可我们依旧要笑对人生。只要生命尚在，我们就应相信：不论遇到多大的困难，我们都是能够应付过去的。有时，即便环境再恶劣，如果我们能够让自己变得更为强大，也可以逐步征服恶劣环境。当我们获得巨大成功时，首先就应该对恶劣的环境表示感谢。

学会爱上你的对手

人际交往之中肯定会有一些磕磕碰碰，难免会遇到令自己不愉快的人。对此，虽然能够发泄一番，但也会因此得罪人，无意中为自己树敌。要想成为一个社交高手，就应该“爱你的对手”，这是《圣经》中说的。

排斥对手，不仅对事情无益，弄不好还会两败俱伤。反之，如果抱着欣赏对手的心态，则可能赢得人心，获得成功。人与人之间只要真心交流，就会增加了解，消除隔膜。把他人变成自己的朋友，把对手当成动力，将更有利于我们获得成功。

既然是对手，难免就会发生一些冲突。你可能在许多地方得罪了对方，让其愤愤难平；也可能是对方在许多地方得罪了你，让你心生怨恨。如果遇到一个脾气暴躁的对手，他很可能会对你恶言相向，开口大骂。这时你不妨试试“骂不还口”，用沉默来化解对方的怒气。等他怒气发泄完，心平气和之后，看到你如此大量，如此有涵养，就有可能会反省自己，说不定双方就会和好。

有个单位举办了一次大型会议，与会的人很多。其中，有一位参会人员与这个单位的一位工作人员有些矛盾。当这位来宾发言时，他不但不讲主题，反而当着所有来宾的面，将这位工作人员臭骂了一顿，扯了许多过去的账，而且言语尖刻。人们都非常担心场面会失控，但被骂的工作人员却面无表情，一句话都不说。结果骂人的人渐渐骂不下去了，就匆匆收拾桌上的文件离开了会场。

姑且不讨论他们二人的是非恩怨，倒是应该很钦佩那位被骂工作人员的定力，换作别人，恐怕早就挥拳头拍桌子了。

这位工作人员的做法，无疑是对付对手谩骂的好方法。为什么这么说呢？原因有两个：一是吵架要有对手才能吵，对方还口才会越吵越起劲。若对方不还口就很难再骂下去了。二是你若不还口，对方气势就会越来越弱。此时会出现三个状况：第一是匆匆收场；第二是难以下台，脸红脖子粗地死撑场面，结果气急败坏地鸣金收兵；第三是为了维持声势，不得不继续骂下去，但因为你没还口，对方缺少你言语上的刺激，他必须不断搜索骂你的理由和字眼，有时甚至会自相矛盾，露出马脚，难以自圆其说，结果只会把自己弄得异常窘迫。

因此，骂不还口绝对是让对手原谅你的好办法。不过这非常难以做到，因为一旦被骂，自卫的本能就会马上升起。如果你口才不好却硬要回骂，有理也会变无理；如果你自恃口才尚佳，唇枪舌剑，一来二往，也不见得能讨得便宜。即便能够骂赢对方，也会让对方心存怨恨，对你未必是好事。不妨以沉默应对，让对方知难而退，因为他已骂过你，你又没有还口，如此便会降低他怀恨在心的可能性。

无论你有理或无理，骂不还口都能让对手觉得你并非专门针对他，你与他的矛盾可能只是误会。而这样反省之后，会对你产生歉疚，从而原谅你，因为他有可能觉得自己这样“骂人”实在有点儿过分。

事情发生在一次盛大的宴会上，一位平日和卡内基在事业上存在竞争的钢铁商人大肆批评卡内基，说了他很多的坏话。当卡内基到达且站在人群中听他侃侃而谈时，那人尚未察觉，仍然不停地数落卡内基。

宴会主人很是尴尬，生怕卡内基按捺不住，当面加以指责，使这个欢乐的场面变成唇枪舌剑的阵地。可是卡内基很平静，等到抨击他的人发现卡内基站在那里，反而感到异常难堪，满脸通红地闭上了嘴，想从人群中溜出去。卡内基却诚恳地走上前去，热情地跟昔日的对手握手，好像根本没有听到他在说自己坏话一样。竞争对手的脸上立刻一阵红一阵白，进退两难。卡内基递给他一杯酒，使他有机会掩饰一时的尴尬。

次日，抨击卡内基的人亲自来到卡内基的家中，一再向卡内基道歉并致谢。从此，他成为卡内基的好朋友，生意上也互相扶持。这个人还经常称赞卡内基，认为他是个了不得的大人物。这让卡内基的朋友都了解了卡内基是多么的和蔼、多么的仁慈，从而更加尊敬他。

遭受对手的侮辱也不在乎，反而示以友好，拿出诚意，双方得到了交流，赢得了友谊。这就是卡内基为人处世的高明所在。

在这里，卡内基和他的竞争对手是一种“不打不相识”的交情，其中有宽容，有包纳，有豪爽，有慷慨，有义气。

一个人成为你对手的时候，你所得的将不仅是十个对手，他实际上给你的威胁比你在精神上所受到的威胁将高出十倍百倍。

一个对手被高尚的人格感动而成为你的朋友的时候，你所得到的也将不仅是十个朋友，你在精神上所感受的欢乐和轻松，比他实际上所给你的要高上十倍百倍。

我们来看看一个人“报仇”所需要的投资有多少。

一是精神的投资——每天计划“报仇”这件事，需要花费大量精力，想到愤恨时，情绪心神波动剧烈，身体健康随时都会受到影响。

二是财力的投资——有人为了“报仇”而投进去一辈子的事业，大有“同归于尽”的味道；就算不放弃一辈子的事业，也要花费不少的财力作报仇的安排。

三是时间的投资——有些“仇”不是说报就可以报的，三年、五年、十年，甚至更长的时间，都未必能报成；就算报仇了，自己也已是两鬓苍苍。

再者，“报仇”一事投资不小，况且还不一定报得成。不管能否报成，只要“报仇”这件事尚在，你就要既思考又行动，费心费力不说，还要损耗自己的元气。因此，我们还是主张“有仇不报”，这样才能达到双方利益最大化。

作为一个成熟的、有智慧的人，一定要懂得是非轻重，知道什么事对自己有价值有意义。“报仇”这件事尽管可解“心头之恨”，但“心头之恨”没了，却极有可能会迷失自己，所以有“仇”不报才是真君子所为。

动物和人的区别，在于动物的所有行为都按照本性而发，属于本能反应；可人不同，经过思考，人可以按照当时需要，作出不同的行为选择，比如学会爱你的对手，这是件很难做到的事。因为大多数人看到对手都会咬牙切齿，都会有迅速消灭对方的冲动。如果环境不允许或尚无能力消灭对方，至少也会保持一种冷静的态度，甚至会说一些让对方不舒服的讽刺话，可见要做到爱对手是很困难的。

因此，人的成就才有高低之分、大小之别。换句话说，能够当众拥抱对手的人，他往往比不能爱对手的人更容易取得一些“非凡”的成就。

占主动地位的人，往往是能爱自己的对手的人，能够主动的人“制人而不受制于人”。采取主动不仅能迷惑对方，使对方搞不清楚你对他的态度；更能迷惑第三者，搞不清楚你和对方到底是敌是友，甚至可能误以为你们已“化敌为友”。但是，是敌是友只有你自己心知肚明，而你的主动，却使对方处于接招和应战的被动地步。如果对方不能爱你，那么他就会得到一个心胸狭窄之类的评语。两相比较，二人的分量不言而喻。爱上你的对手，除了可以在某种程度上减少对方对你的敌意外，也会让你对对方的敌意不被恶化。换言之，在为敌为友中间留下一条灰色地带，以免敌意鲜明，阻挡了你的退路和去路。

除此之外，你的行为也将使对方失去立场，不再对你进行任何攻击。他若对你的拥抱置之不理或仍旧攻击你，那么遭到众人谴责的必定会是对方。

还有一点，爱你的“对手”这个行为一旦做出，久而久之就会成为一种习惯，让你与别人相处时，能够宽容一些，容天下人和天下物，出入自由，进退无碍，而这恰恰正是成就大事业的重要资本。

因此，我们会看到，在各种竞技场中，每当比赛开始前，参赛双方都会握手、敬礼或拥抱，比赛后也要照旧再来一次。当众拥抱你的竞争对手，这是最常见的。

你的恩人就是你的对手

很多时候，对我们成功最有帮助的，往往是我们原先所仇恨的人；我们最好的朋友，往往是我们的对手；我们人生最大的恩人，也许就是我们的敌人或对手。因为，是对方对我们造成了最强烈的刺激，让我们更加小心谨慎地工作。

在现实中，也许没有几个人会想把对手当作恩人来看待，甚至有很多人因对手春风得意而神伤。其实，对手正是促使我们前行的力量，对手的成功会刺激我们的内心，这对于我们内在潜力的激发是很有效的。被对手超越的滋味并不好受，有了对手，我们就不会停滞不前。既然这样，我们又何必把对手的存在当成一种压力呢?

美国大学生马丁·库帕自从毕业后一直没能找到工作，在快要没钱吃饭的时候，他还一直在努力。这名大学生决定去乔治的公司试一下。

当时的乔治已经是无线电界的资深专家。而库帕则是一个痴迷的无线电爱好者，他自小就十分崇拜乔治。库帕想如果乔治可以接纳自己，自己肯定能够学到许多东西，也许日后自己也能和乔治一样，在无线电行业取得巨大的成就，成为无线电界的风云人物。

这样想着，库帕就来到乔治的公司，敲开了乔治的房门。当时，乔治正在认真研究无线电话。库帕把自己在心里想了许久的话小心翼翼地在乔治眼前讲了出来。乔治却不停地写着东西，似乎对库帕的话并不在意，很显然，他并不把库帕放在眼里。

但是，库帕并不在乎乔治的傲慢，他诚恳地说："敬爱的乔治先生，我非常想成为您公司的一员，如果可以留在您的身边，当您的助手当然就更好了。我不求待遇有多少……"

库帕的话尚未说完，乔治就粗暴地挥手打断了他的话。"请问一下，你做无线电多长时间了？"他用不屑的眼神看着库帕大声问道。

"乔治先生，我是刚从大学毕业的，从未干过无线电工作，但我很喜欢这项工作，并且自小对无线电充满兴趣。我希望……"库帕十分坦率地说道。

"你还是出去吧。年轻人，请别再耽误我的时间。"乔治再次挥手粗暴地打断了库帕。

"先生，您在研究无线移动电话吗？如果您同意的话，或许我能帮上您的忙呢。"听完乔治的话后，库帕不慌不忙地说道。

乔治吃了一惊，因为自己正在研究的项目并未向外界透露。对库帕的准确推测，他深感吃惊。尽管这样，乔治并未改变初衷，他还是觉得眼前的这个年轻人太幼稚，不能为自己所用。所以，乔治还是非常坚决地下了逐客令。"年轻人，我们不会相见的。祝你好运。"

"乔治先生，终有一天，您会另眼看我的。"库帕正视着乔治的眼睛沉稳地说道。

过了不久，库帕去了摩托罗拉公司，并在那里找到了一份工作。

1973年的一天，一名男子站在纽约街头，他取出一个约有两块砖头大的无线电话，引得路人纷纷驻足观看。在众人注视之下，他对着手中的无线电话说："乔治先生，您听到没有？我现在正用一部便携式无线电话跟您通话。"此人就是当年被乔治拒之门外的大学生、手机的发明人马丁·库帕。

乔治怎么也没想到，这个年轻人真的研制出了手机这种无线移动电话。

"假如当时您被乔治收留，并协助乔治完成手机的研制，那么这一成果也许就不是你的，而是乔治的。”库帕获得成功之后，有人对他说道。

库帕摇了摇头，说：“不，如果当时我成为乔治的助手，也许我永远都不能研制出手机来。正因他拒绝了我，让我走上另外一条道路，而且成功了。那条道路的名字叫作屈辱——我将当年的屈辱化为前进的动力。如果缺乏这种动力，也许我根本就不可能研制出来无线电话。”

面对对手，也许我们的态度常常是厌恶或担心，但是却忽略了对手恰好是我们最应该感谢的对象，因为对手为我们提供了一次能够完善自我的好机会。对手虽是我们眼中的“坏人”，但如果站在另一个角度想，他却是在提醒我们如何做才能成功。马丁·库帕就是因此获得成功的，如果我们能做到这一点，不仅生活会快乐很多，做起事情来也会非常顺利。

从某种意义上而言，拥有一个强有力的对手，是我们的人生之幸。因为对手往往会成为我们前进的动力，这也是激发我们挖掘自我潜力的一个好办法。

给对手留点儿回旋余地

一旦占着理，就对对手穷追猛打，非要置对方于死地不可，其实对自己未必就会有什么好处。真正能够搞好人际关系，成就大事业的人，都明白适当“给对手留点儿回旋余地”的道理。无论在什么时候，都千万不要得理不让人，态度过分嚣张是不好的。我们一定要善待对手，给对方留一份尊严，这不仅是自己素养的表现，也是在为自己的以后着想。

法国的阿斯克新城于 1991 年 7 月 1 日晚举行了一场国际田径赛。这场比赛吸引了两万多名观众，而他们主要是想观看卡尔·刘易斯同本·约翰逊的较量，这是他们自汉城奥运会以后的第一次交锋。

在汉城奥运会中，本·约翰逊因服用违禁药物，成绩被取消，并被判罚停赛两年，结果刘易斯夺得了冠军。本·约翰逊这年复出，两人再次同场争锋，所以格外引人关注。

可是比赛结果出人预料，冠军竟然被美国另一名好手米切尔摘取了。卡尔·刘易斯获得了亚军，而本·约翰逊只得了个第 7 名。尽管这样，曾获 6 枚奥运会金牌的刘易斯还是颇为满意自己能够击败约翰逊。

比赛结束后，约翰逊想跟刘易斯握手，遭到了拒绝，这让约翰逊很没面子。其实，这并非刘易斯过于傲慢无礼，他只是在“报复”罢了。

在 1988 年汉城奥运会上，约翰逊以 9 秒 79 的惊人成绩，创造了当时的世界纪录。当时也是在百米决赛的终点处，刘易斯走上前来和他握手以表示祝贺。但约翰逊却视而不见，傲慢地一扭头从他身边走了过去。

比较细心的观众都会记得这一幕。现在轮到自己头上了，约翰逊失败后，被刘易斯还以颜色，可谓是“以其人之道，还治其人之身”。

在约翰逊看来，当年正值鼎盛，自觉威风八面不可一世，常常出言不逊，甚至恶语伤人；如今，纪录被取缔，又刚被“刑满释放”，名利全失，且成绩一般，这时才想起去尊重别人，虽是“亡羊补牢”，但却太晚了。

或许此刻，你胜利而对手失败，将来完全可能你失败而对手胜利。当你胜利而对手失败时，假如你能真诚地理解他、支持他，那么来日你失败而他成功时，你理所当然能得到他的理解和支持。只有求得这样一种平衡和谐的竞争关系，和对手相互理解、相互支持，才能免去诸多不必要的烦恼和痛苦，才会在人生的旅途上越走越顺利。

成功的本身，往往就包含着失败的因素；现在看来很幸福的恋爱，也许就是日后不幸婚姻的开始；火药的发明，既造福人类，又给人类带来了无穷的灾难。乐极生悲之事天天都在上演。此时的失败，也有可能是他日的成功之母。无数成功者都崛起在自己的惨败之时，正所谓塞翁失马，焉知非福。

假如你把成败得失放在时间的天平上去衡量，就会更加深刻地领悟到它对人生意味着什么，从而更清楚地明白你该如何对待失败的对手。

很多人在现实生活和工作中，说话办事总是不给别人尤其是给对手留点儿回旋余地，搞得对方异常尴尬。不妨反过来想想，如果你自己处于这种状况，该怎样呢？很明显，人一旦处于这种窘况，则不仅仅是在气别人，也在气自己，气自己无能为力，甚至会怀疑自己存在的价值和意义，进而萌生出很强烈的人生挫败感和失落感。所以，有过这种体验和经历的人，就应设身处地地为对方考虑一下。如果通过努力证明自己比对手强，完全有能力打败对方，那么就应适可而止，不要再穷追猛打，不要非得把对方完全置于死地，不然只会令对手蒙受如自己当初一样的打击与耻辱，从而背水一战。这样的结果尽管胜的可能会是你，但你因此所受到的伤害和损失绝不会比你的对手少多少。俗话说的“杀敌一千，自损八百”，讲的就是这个道理。因此，除非到了万不得已的时候，还是不要赶尽杀绝为好。

同对手竞争的结果，必然会是一个风头尽出，一个颜面全无，双方在面子上很难处于平等的位置。为了不给对方雪上加霜，与对方搞好关系，我们有必要注意以下四个方面。

一是不要太过于炫耀，以免刺激别人，使对方产生强烈的失落感，或是激起本来不嫉妒的人的嫉妒心。你若因自己的成功而得意扬扬，那么你的欢欣也许很快就会换来苦果。

二是与对手相处时要低调一些，对对方要有礼貌，切不可看不起对方，这样就能降低别人对你的嫉妒。因为你的低姿态，满足了某些人在自尊方面的需求。

三是适当地隐“优”暴“缺”。比如，说自己不善于唱歌、外语很差等，好让失意的对手心中有“毕竟他并非十全十美”的自我满足。

四是多和对你不满的对手沟通，诚恳地要求对方好好配合。当然，你还要称赞对方有你自己没有的长处，这样对方的敌意就会大大减少。

不妨经常听听他人的反调

碰到唱反调的人，不同的人会有不同的态度：愚者会怨，仁者不语，智者不忆。生活需要会唱反调的人，人际交往中也需要会唱反调的人。无论是谁，都会对唱反调的人感到大伤脑筋，甚至会被搞得很难堪。唐太宗李世民，就曾因憎恨魏征的直言进谏，回到后宫仍愤愤不平，扬言要杀死这个多嘴多舌的人。幸亏长孙皇后贤德通达，换上朝服，跪行大礼，庆贺道：皇上得魏征如得明镜，此乃皇上之幸，社稷之幸！后魏征死，唐太宗痛心疾首，并形容自己自此失去一面明镜。显而易见，唱反调的人对我们的理想、事业和人生而言是大有裨益的。就此而言，我们大可不必和那些与你唱反调的人为难，更不必讨厌或痛恨他们。

如果有人对我们唱反调，最聪明的做法就是应该及时和他进行思想沟通。首先先醒吾身，不装模作样地掩饰自己的过错，尽早敞开自己的胸怀和灵魂，用诚意的圣符去拨动对方的心曲，让自己的思想与之产生和谐的共鸣。我们越是大方地说出过失，就越能赢得别人的敬佩，就越能体现自己的高姿态、高素质。

大度是面对反调的关键。有些人自视过高，压根儿看不起唱反调的人：你是什么玩意？这儿没你说话的地方！这种人看似很有骨气，很有魄力，实则外强中干，素质一般。用大话狠话去堵他人之口，其结果是可想而知的。

听到反调者的过激言辞和指责，大度者通常会彰显出高贵的气质。梁漱溟先生就说“情贵淡，气贵和”，一语道出大度的境界。要达到这个境界，需要博大的胸怀和大海一样的肚量去吞吐潮汐，吸纳群山，化解即将来临的风雨，让理性之帆在清流之中高高扬起。

有个新任办公室主任打算办几件实事。一位老员工自以为工作时间长，经验足，就提出了尖刻的反对意见，让新主任当即表态。这位老员工的做法让同事们产生了不满情绪，新主任也有充分的理由驳斥他。但是新主任采取了妥协的策略，他平静地说："请让我考虑考虑。"语气很平淡，如同疏星朗月、和风细雨。之后，新主任多次找老员工谈心并交换意见，指出老员工的偏见和经验主义。老员工对新主任敬佩不已，再难唱出反调了。由此可知，大度也是一种策略，它能很轻巧地化解反对意见，使自己有充裕的时间占领制高点。

听到反调时，心要静，思路要开阔，头脑要清醒，不妨将反调的观点同个人的观点加以对照，达到去伪存真的目的。要剔除个人的所有私心杂念，这样才利于正本清源，明辨是非。比如，有位经理作了一个决定，属下纷纷表示赞同，只有一位唱反调，言语很是不恭。刚开始时，经理非常恼火，他认为属下当众驳他的面子，是想让他难堪。会后经理头脑冷静下来，将反对意见反复比较验证，并查阅大量相关资料，得出了正确的结论，从而避免了一次错误的决策。

面对唱反调的人，有时也需要争论，对其摆事实、讲道理，适当回击那些恶语相加、刻意诋毁、蛮不讲理的人。

一位老总新调入甲公司，这使原本有望升任老总的副总心态失衡，经常直接对新老总唱反调，讥讽老总胸无点墨，反应迟缓，不学无术，决策失误。面对副总的放肆，有人就在老总那儿使坏，提议罢黜或将他撵走。老总并没有这样做，而是与副总开展了一次理性交锋，使副总转变了思想，也意识到自己的错误。

当一个集体走向成功道路时，往往会有绊脚石和荆棘，只有和集体休戚与共的人，才会思考如何回避这些前进路上的障碍。他们唱反调，更多的是下属出于对领导的爱戴，对集体的关心和忠诚。理解了这点，就应对唱反调的人予以保护，而不能厌弃，更不能给他们穿小鞋。

“在一个政治清明的国家，人民是敢于直言的。”诸葛亮表示，“一国之主如果只喜报喜而不喜报忧，拒听谏言，那么忠臣不敢进其谋，而奸臣就能够逞其恶。君主有眼不观察眼前局势，就像瞎子一样；有耳不闻旁人的意见，就像聋子一样。”一个又“瞎”又“聋”的人，在职场上是难免要倒台翻车的。只有集思广益，虚心听取别人的建议，才能不断地纠正错误，查缺补漏，免得日后栽跟头吃大亏。

相逢一笑泯恩仇

和自己过不去的人，其实是心中怀有怨恨，苦的只会是自己，而不是他所怨恨的那个人。

一个人若没有宽容之心，就会被仇恨和报复无休止地支配，因为他自己被孤立起来了。一个人不能永远活在仇恨的旋涡中，要想找回曾经属于自己的快乐，只有懂得原谅别人的过错。

长期以来，有个人一直生活在愤怒、沮丧和痛苦之中，事实上他所经历的不过是一件很小的事情罢了。

此人和他的同学一起上大学，毕业以后，两人又去同一家公司面试。两人本来就是无话不说的好朋友，上班后他们也是亲如兄弟。一次，他们二人一同去拜访一位大客户，马上就会谈成一单大生意。客户方面也已有了初步的意向，只等第二天签合同就行了。

他们两个人都非常高兴，就在职工宿舍里庆贺了一下。结果这个人喝得烂醉如泥，一直睡到次日早上10点。醒来以后，他发现朋友不见了。等他到了公司才知道，他的朋友居然趁着他喝醉的时候，提前去签订那笔生意了。这笔订单所有的功劳，也就理所当然地都成为他朋友一个人的了。

此人找朋友去算账，对方辩称说：“我喝完酒以后，心中感觉不踏实，就想连夜把那个合同搞定。我本想叫你一块儿去，可是喊了你半个小时，也没有把你叫醒。”这个人肯定不信，可是此时再说不信也晚了。

不久以后，朋友升职了，因为那个订单，而且开始一帆风顺地做到部门经理。而这个人却在相当长一段时间里都停留在原来的岗位上。

在很长一段时间内，这个人借酒消愁。不过半年以后，他就开始接受现实了，继续埋头努力。一年后，他也如愿升职了。这个人虽然接受了现实，可他仍然不肯原谅那个朋友。他和朋友彻底断交了，有他那个朋友在的场合他都拒绝出场。

原因是这个人只要看到朋友那张脸，就愤怒到无法自制的地步，他恨不得把朋友的脸揍扁。“我什么都可以宽容，就是不能宽容卑鄙；我谁都可以原谅，就是不能原谅这个朋友。”他说。

到后来，那个朋友曾多次找到他，并向他道歉，但是这个人对朋友的道歉总是置若罔闻。

其实他过得并不快乐，虽然也升到了部门经理。同在一家公司内，哪怕再小心谨慎，也难免会相遇。每到这时，这个人总是脸色铁青地把头扭向一边，哪怕前一秒钟他还在哈哈大笑。他知道自己心中痛苦，却无法解脱。这个人还很纳闷：为什么犯错的是朋友，竟成了自己在受罪，而且一直持续这么长时间？要受到心灵惩罚的应该是那个朋友才对呀。

他把烦恼告诉给另一个朋友，那个朋友对他说：“解脱的最好的办法就是发自内心地去原谅他。”虽然这个人对朋友的话持怀疑态度，但他还是在第二天尝试着与“背叛”他的那个朋友交流了一番。交流后，这个人感觉，那个朋友好像并没有他一直想的那样卑鄙。几年前也许确实是因为自己喝多了，也许确实是因为他的朋友年少无知，但不管如何，他决定原谅他的朋友。这样想来，他多年的积怨就彻底消失了，两个人又一次成了朋友。因为不用刻意回避这个同事，所以这个人的工作做得一帆风顺，他的职位也再次得以提升。

有位哲人曾说过：“你必须要宽容三个人：宽容你自己，因为你不可能完美无瑕；宽容你的对手，因为你的愤怒只会影响自己与亲人；宽容你的朋友，因为越是亲密的朋友越能无意中深深伤害你。只有做到这三种宽容，你才会感受到人生的快乐。”不妨仔细想想，很多人正是因为少了些宽容，才总觉得生活不快乐。

如果我们对自己太过苛求，就会变得顽固而不知变通，这会让我们心中不高兴，也会让我们失去朋友。要想把日子过好，我们就要在前进中不断原谅自己。

对敌人来说，原谅对方才能让我们的心灵得以解脱。恨一个人是没用的，对方会因你的憎恨而如何呢？你只不过在为自己找难受。每天被仇恨所环绕而忽略了身边的美好，不值得。我们的诅咒或是谩骂不会让敌人觉得难受，也不会因我们的置之不理而影响生活。哪怕我们真的付诸行动，用报复的手段得到暂时的解脱，但平静下来以后，你会发现生活因为仇恨而变得更加糟糕，这样的人生是缺乏价值的。只有原谅仇敌，我们的心才能坦然。

对朋友来说，因为无心之失，他可能伤害过我们。可是在茫茫人海中能够相遇相知，陪伴你走过很多难忘的岁月，能够一起经历过风雨的并没有几个，在我们回忆当年曾经感动的情节时，你要认真想一想：我真的要失去这个朋友吗？

学会用宽容的心态，去对待曾经的仇人，这是一种何等高超的境界。面对怨恨，我们不能够控制别人的情绪，可是，我们可以调节自己的情绪，调节自己的心态，这样一来，仇人也是能成为朋友的。一个人的心中，若是有了太多的恨，是很难快乐的，所以不如选择原谅曾经背叛过自己的人。当我们把怨恨无限放大时，它就会变得根深蒂固，心中被仇恨占据了，快乐还能放在哪里呢？要想真正解脱自己，就先试着去原谅别人曾经的过错吧，相信这一定是美好生活的开始。

感谢那个“踹你一脚”的人

说起中国民办教育家，大家都会想到新东方教育科技集团的

CEO俞敏洪。《时代周刊》称他是一个“偶像级的、就像小熊维尼或者米奇之于迪士尼”式的人物。其主要原因在于：俞敏洪拥有“留学教父”、“中国最富有的老师”等多个头衔，而他创办的“新东方”是我国目前最大的英语培训机构，我国70%的留学生都出自那里，很多国际金融机构里都有他的学生。

而新东方的事业，确切来说，就是被“踹”出来的。多年之后，俞敏洪谈起新东方的来历，对“踹”了他一脚的北京大学充满了感激：“北京大学是我最喜欢的地方，北大改变了我的命运。如果我没有经历在北大的挫折和自卑，我今天就不会有这么稳定的自信状态。如果没有北大的文化氛围的熏染，也没有我今天的这种理念，也不会成功创建新东方。所以，走过了风风雨雨，北大对我来说意味着我的精神生命，非常重要。”

1990年秋天的一个傍晚，俞敏洪正在宿舍里与朋友一起喝酒。这时，学校的高音喇叭开始广播一条关于对某位英语系老师的处分，理由是该老师打着学校的名义私自办学，严重影响了学校教学秩序。这是北大自建校以来第一次公开点名批评学校的老师，仔细一听，这个被处分的老师竟然就是俞敏洪。

20世纪90年代，正是出国留学潮最火热的时候，俞敏洪周围的同事、昔日的好朋友都出国留学去了。俞敏洪当然也想出国，可是出国需要一笔不小的费用。尽管美国的一所大学已经答应提供给他3/4的奖学金，但是这也意味着他必须自己筹备剩下的1/4学费，这可相当于4万多元人民币啊。按照他当时120元的月薪来算，不吃不喝都要10年才能攒够。这样，俞敏洪不得不另想他法。由于他本人也考过TOEFL，深知社会上TOEFL英语培训这块市场的需求很大。于是，他想出了一个办法，就是在校外办TOEFL培训班，赚取出国所需的费用。

当时，很多高校的老师都在校外兼课，或办补习班，这种情形很普遍，自然引起了校方与社会上一些人士的反感。北京大学对俞敏洪的处分，正是出于“杀鸡儆猴”的目的，不可谓不重，除了用高音喇叭通报批评之外，还在北京大学有线电视里连播了好几天，同时处分的布告也贴到了北京大学著名的“三角地”宣传栏中。北京大学对俞敏洪的这一“踹”，将他作为一个知识分子的颜面毫不留情地打碎在地。原本，北京大学曾有这样一条规定：对学校老师的处分不对外公开。因为，考虑到老师要给学生上课，应树立起师道尊严。但是到了俞敏洪这里却顾不上了，可见北京大学对学校老师在校外兼职办班是多么敏感与反感，以至于不惜牺牲一位老师的面子，甚至还有他的教学生涯。

事隔多年，俞敏洪再提到这段往事时，语气中仍然充满了苦涩意味，可以想象当时他心中那股不能倾诉、不得宣泄的怨气有多深。

16 年后的又一个秋天，新东方在世界上最大的证券交易场所美国纽约证券交易所上市了，而俞敏洪也身价大增，成为华尔街的新宠。有评论界人士将这次出名与 16 年前那一场“出名”相比，说他是从一种黑色的出名走上了一种光明正大的出名，还说他作为一位商人、一位企业家的价值，事实上是从他走出北京大学校门办英语培训班开始得以施展的。

人们无从得知这些赞誉在俞敏洪的心里到底搅起了什么样的浪花。但是有一点可以肯定的是，已经成为“中国最富有的老师”的他其实并不关心自己财富的增减，他甚至并不关心每天股值的涨落。而十多年前的那场“处分风波”，也时过境迁，在他的心中磨出了另外一份不同的感悟：“北大‘踹’了我一脚。当时我充满了怨恨，现在则充满了感激。因为如果一直混下去，我现在可能只是北大英语系的一位副教授。”

俞敏洪回顾新东方创办历程时，也将北京大学对自己的影响归结为新东方能获得成功的重要原因之一。他说：“我（在北京大学）学到的东西要比英语多得多。这些东西，不是从某个人或某位老师身上学到的，而是在北大的氛围里面感染、感知到的。北大的 6 年教书训练，使我锻炼出了自己的教学模式和教学理念，养成了我跟学生良好的交流习惯，使我懂得了中国大学生到底在想什么。这也是新东方成功的保证。

“我对北大的感情是非常深刻的，坦率地说，没有北大就没有新东方。原因是现在新东方的一些精神，或者是一些做事的方法，都是融入了北大精神的。”

或许，俞敏洪之所以能够坦然面对当年的“处分风波”，是因为他明白，生命中的每件事或每个人，都可能给你一个清理能量、演变自己、向更高处提升的机会。如果不是北京大学的处分，俞敏洪也不会愤而辞职，不可能“将错就错”，不可能创办起一个对中国教育影响深远的新东方。

就如罗曼·罗兰所说：“只有把抱怨别人和环境的心态，转化为向前的力量，你才会拥有成功的保障。”是的，你只有感谢曾经折磨过你的人或事，才能体会到短暂而有风险的生命的意义；你只有懂得宽容那些自己不可能宽容的人，才能看见自己心中的高远，才能重新认识自己。

第八章

人生何处无挫折，别把逆境当绝境

人生没有过不去的坎儿

俗话说：“不如意事常八九，可与人言无二三。”从古至今，没有谁的人生之路能一直顺风顺水、万事如意。每个人的职业生涯之路，也都并非一片坦途，并非总是鲜花盛开、阳光明媚。

我们必须明白，人生并不存在完全的逆境，每一个人所遭遇到的逆境都只是一时的。这是一个人走向成熟所必经的历程，是人生道路上一种不可缺少的动力。

一位名人就曾经说过：“成功者与失败者最大的不同之处，就在于成功者在跌倒之后比失败者多爬起来一次。”

这句话形象地说明了逆境不会永远伴随着你，可能再努力一次，再坚持一下，你就会获得成功了；或许它跟你仅有一步之隔，不要因为没有跨出这一步，而让你后悔终生。

人的一生中总会出现潮起潮落，逆境只不过是人生中暂时的“低潮”罢了。当我们身处逆境、遭遇挫折的时候，不要怨天尤人，应当学会冷静理智地对待它。

中国有句古谚：“顺境不是喜，逆境不是悲。”这对我们有着很好的借鉴作用。很少有人可以顺顺利利不受一点儿挫折地度过一生，逆境只不过是我们漫漫人生路上的一道坎儿而已。有失必有得，生活每重创我们一次就会以另一种方式给予我们适当的补偿，重要的是自己要调整好心态。

越是身处逆境当中，就越不能向命运低头；越是遭受到挫折，就越要发愤图强；越是遭受到厄运，越要干出个样子来。在逆境当中，怎样坚持，如何努力，是一个历练人的过程，我们万万不可将它看成是一种痛苦和包袱。在此过程中，一个人的意志能够得到很好的磨炼，能力可以获得很大的发展。

要知道，人生正是由于有许多的弯道，生命的质量才得以升华；正是由于有了无数道坎儿，生命的沧桑才得以展示；正是由于有了起伏不定的潮起潮落，生活的多姿多彩才得以展现。

的确，人生没有过不去的坎儿、绕不过的弯儿，只要我们保持良好的心态，咬咬牙，再大的困难都会过去的。司马迁遭受了残酷的宫刑，可是他却用《史记》证明了自己是一个顶天立地的男人。爱迪生没有因为念不起书而怨天尤人，而是刻苦钻研，发明无数，名垂青史。《五体不满足》的作者乙武洋匡，身患严重残疾，却生活得比任何一个健全的人都更有激情和活力，他有资格向那些四肢健全的人施与同情与怜悯。只要我们在心中坚定“没有过不去的坎儿”这样一个信念，人生就会有希望，就可以战胜一切困难。

亚伯拉罕·林肯是美国历史上最伟大的总统之一，他领导了拯救联邦以及结束奴隶制度的伟大斗争。对于一个既非出身名门贵族又非功勋卓著的人，林肯能当上总统是非常艰难的。从林肯一生的际遇来看，他经历了很多的坎坷，他的人生似乎处处充满了打击与失败。不过，他并没有被打倒，反而在一次又一次的打击下到达了辉煌的顶峰。他本人这样说：“每一个人都拥有一种坚忍不拔、百折不挠以及勇往直前的使命感。奋力拼搏是每一个人的信念，并且也是我的责任，而我对这种责任怀着一种舍我其谁的耐心、毅力以及信念。”

是的，当面对挫折与失败时，只有保持积极乐观的心态，不轻言放弃，才能够战胜挫折与失败。这些挡路的坎儿更能够激发人们生命中的坚韧潜力。法国名将戴高乐曾经说过：“困难，对坚强的人特别有吸引力，因为他只有在拥抱困难的时候，才会真正认识自己。困难越多，危险越大，我们通过战胜困难与危险收获的成功也就越大。”

天空不会总是晴空万里、阳光灿烂，总会有阴云密布、狂风暴雨之时，人生亦如此。是否能够迈过生命里那些被狂风暴雨砸出来的沟沟坎坎，依靠的不单单是有毅力、勇敢以及别人的帮助，还需要一个正确的态度、一个健康的心理。

挫折摧垮不了我们对未来的希望，人生没有过不去的坎儿。只要我们活着，只要我们拥有好的心态，希望就不会泯灭！

人生中总有太多不如意

在漫长的人生旅途中，总是会有太多的不如意。每个人都难免会遭遇失败与挫折，当我们面对失败与挫折时，总会产生一种难过、失望的情绪，但在这些不如意中，往往孕育着成功的机遇。

人生之中总会有一些不如意的事，如果我们能够在经历失败与挫折后勇敢地站起来，那么这种经历就会成为一种财富；反之，这种经历就是一种灾难。应该说，每个人在面对失败和痛苦时，都难免会有些失望，但失望不应该成为自己失去斗志的理由。有的人在遇到挫折与失败时能较快地摆脱困境，并从失败中总结经验，最终获得成功。

在美国，有两个经历相仿的年轻人，一个叫乔布斯，一个叫弗莱克，他们两人都是白手起家的生意人。经过6年的努力，他们一起成为了商界精英。乔布斯是苹果电脑公司的CEO；弗莱克是当时纽约市最大的百货商场的老总。可是，接下来他们又经历了一场世界性的经济风暴，两个人都不幸破产了。

在破产之后，弗莱克绝望地爬上纽约帝国大厦顶楼，用跳楼的方式结束了自己的生命；乔布斯也被苹果电脑公司辞退。不过，乔布斯的选择却不同，他虽然流落街头且身无分文，可他却时刻在为自己和苹果电脑公司寻找着出路。

当时乔布斯想，世界上不管哪一项创造发明，一旦致力于为个人着想时，就能获得最大的收益。于是，他向苹果电脑公司建议大力打造和推广“个人电脑”品牌。苹果电脑公司董事局被乔布斯的执着感动，最后决定采纳乔布斯的意见，并再次聘用乔布斯为公司的首席执行官。

经过几年的时间，乔布斯再次成为新经济时代的美国商界领袖，而且是世界上第一个亿万富翁，同时也是当时最年轻的亿万富翁。他因此登上了美国《时代》杂志，成为美国乃至全世界人们学习的榜样。

乔布斯和弗莱克这两个有过类似人生经历的年轻人，在成功时他们不相上下，但在经历了相似的挫折之后，却造成了两种截然不同的命运：一个在挫折中选择毁灭；另一个在挫折中奋起，重新创造了更加辉煌的成就。

在这个世界上，每个人都会遭遇难以解决的困难，如果紧闭心门，把自己封锁在不如意中，可能永远都会郁郁寡欢，甚至因此而沉沦。假如我们能够以充满希望的心态面对生活，也许问题并不是那么难以解决。

人们面对失败所持的心态往往决定其一生的命运。我们也许会遭遇失败，这其实是每个人的必经之路，不只是我们一个人的问题。应该把失败和挫折看成是成功和胜利的前奏，才能在跌倒后爬起来，继续满怀信心地前进。无论在什么情况下，哪怕是受到了致命的打击，只要能够坚持下去，那么，乐观的态度就会给我们带来好运。

在所有的职业中，推销员是最容易受挫、最容易遭拒绝的工作，也是最容易让人厌倦的工作。许多推销员忙忙碌碌，并没有取得成功，没有别的，他们大多败在自己手中，败在遇到挫折时放弃自己的追求，缺乏坚持不懈的精神。

罗杰斯是美国一家人寿保险公司的保险员，他花 65 美元买了一辆脚踏车到处拉保险。不幸的是，成绩始终是一片空白。可是，罗杰斯毫不气馁，晚上即使再疲倦，也要一一写信给被白天访问过的客户，感谢他们接受自己的访问，力请他们加入投保的行列，每一字每一句都写得诚恳感人。

可是，任凭罗杰斯再怎么努力、再如何劳累，也没有产生效果。两个月过去了，罗杰斯连一个顾客也没有拉到，上司催他也是愈来愈紧……

劳累一天回来，他常常连晚饭也没有心情吃。虽然娇妻温顺体贴，但一想到明天，他就全身直冒冷汗。

罗杰斯在日记中写道：“从前，我以为一个人只要认真、努力地工作，就能做好任何事情。但是这一次，我错了。因为事实显然并不如此！……我辛辛苦苦地跑了68天，然而，却连一个客户也没有拉成。唉！保险工作，对我很不合适，不如换个地方找工作吧……”

妻子劝告他说：“坚持下去，就有盼头。”罗杰斯听从了妻子的劝告。

罗杰斯曾想说服一位小学校长，让他的学生全部投保。然而校长对此毫无兴趣，一次一次地拒罗杰斯于门外。当他在第69天再一次跑到校长这里来的时候，校长终于为他的诚心所感动，同意全校学生投保。

罗杰斯成功了！坚持不懈的精神，使罗杰斯后来成了著名的保险推销员。

一个推销员，如果在推销失败，遭人拒绝、嘲笑时就畏惧、退缩甚至放弃，那成功怎么会找上门来呢？只有具有坚持不懈、决不放弃的心态，才有成功的那一天。

罗杰斯的故事告诉我们，其实挫折不过是一根绳子，有的人用它来攀登更高的山峰，有的人却把它当成了上帝赐给他自杀的礼物。失败了再勇敢地爬起来，是一种勇气，这才是成功的基石。当我们战胜挫折，克服困难，最终获得成功时，才会领略到最大的喜悦，获得最美的快感。

贫苦的生活最能锻炼人

无论在世界的哪个角落，只要一提起卓别林，看过他演的戏剧的人们眼前马上会浮现出那个蓄着小胡子、迈着鸭子步、手里变魔术一样挥舞着手杖的人物形象。卓别林给他那个时代的人们带来了欢乐，也将给未来时代的人们带来欢笑。这位才华横溢的艺术家的杰出造诣和他童年的经历是密切相关的。

卓别林1889年出生在伦敦一个贫民家庭，他的父亲是杂剧场的喜剧演员，母亲是歌唱演员，在剧场和游艺场演唱。家里的收入很微薄，可还勉强过得去。然而卓别林还不到两岁的时候，父母离异了，狠心的父亲抛家而去，小卓别林只能与母亲相依为命。从他两岁开始，母亲便背着小卓别林去唱歌赶场子。演出的时候，母亲就让小卓别林站在舞台两侧的条幕后面。久而久之，卓别林就学会了母亲所唱的歌。

为了维持生活，母亲每天都要赶几个场子，嗓子越来越差了。对于一个歌唱演员来说，这是多么可怕的一件事情啊！在卓别林5岁的时候，有一次演出，母亲唱着唱着就发不出声音来了。台下的观众立即哄叫起来。这时候，卓别林自告奋勇，说他愿意代母亲唱歌。舞台监督也想不出别的办法了，而且他以前也听过小卓别林唱歌，觉得还过得去，就答应让卓别林试试。小卓别林不慌不忙地站到舞台中央，面对着璀璨夺目的灯光和烟雾迷蒙中的人群，顺着母亲的调子唱了起来。他的声音又清脆又嘹亮，观众全都静下来了。一曲《杰克·琼斯》唱完，剧场里响起了热烈的掌声和喝彩声，硬币像雨点似的扔到了舞台上。小卓别林越唱越高兴，要不是妈妈把他从台上拉下来，他准会唱个通宵的。这是卓别林第一次正式登台演出。

然而这一晚也是母亲最后一次登台演出了，从此母亲的嗓子再也没有好起来，家里失去了唯一的经济来源。小卓别林决定自己挣钱养活母亲，他四处找活儿干，当过杂货店的跑腿、诊所里的佣人、书店的伙计、印刷厂的徒工和卖玩具的小贩，什么活都干过。小小年纪的他，经历了穷困、饥饿，亲眼目睹了亲人生病、死亡的惨状。伦敦贫民区阴湿、破败的景象，无数在街头无助地徘徊的流浪汉和残废者，也在他幼小的心灵上留下了难以磨灭的印象。他尝尽了人间的酸苦，世态的炎凉，所有这些都为他日后的创作提供了丰富的素材，打下了良好的基础。

后来，卓别林把自己的生活经历、所见所闻拍成电影。在电影里，他经常头戴小圆礼帽，留着整齐的小胡子，手拿文明杖，脚蹬大皮鞋，摆着两条肥裤腿，一拐一拐地迈着鸭子步走路。他出色地、充分地发挥了笑的作用，在人们的心田上播下了欢乐的种子，让人们在笑声中去热爱美好事物，憎恶丑恶的事物。他的影响超出了国界，大人小孩都喜欢他。

卑微的出身与贫苦的童年就好像是一种运动器械，可以锻炼人，让人体格健壮，扛得住各种暴风骤雨。事实上，大多数成功者都是从艰苦中奋斗过来的，而在优越的环境之下则很难有所作为。

别被“穷”字困住心

在北京某大学读大一的阿丽正饱受贫困的煎熬。接到大学录取通知书的时候，她老家的村子沸腾了，父母的高兴程度更是不用说。她带着村里人的希望，欢天喜地地来到大城市。没想到，一切都没有她想象的那么好。

“北京的高楼大厦是挺多的，但那些不是我的啊。我觉得我不属于这个城市。”城里人个个都穿得光鲜亮丽，穿得很土的阿丽发现，乘公共汽车旁边的人都躲着她。室友们都嘲笑她，嫌她说话有口音，后来她干脆去自习室，到熄灯了才回去睡觉。平日里，她除了读书、上课以外，几乎没有娱乐活动。同学生日大家凑份子，她拿不出钱，于是躲得远远的。最怕吃饭的时候碰上同学，怕人问她怎么只吃馒头。这一切都让阿丽的心理不堪重负。

贫困会给人增加很多心理危机。自尊促使他们将注意力更多地放在了获得别人的尊重上，而缺乏优越感、缺乏成就感、处处感觉不如人的人，往往自尊的需要得不到满足。家庭经济的负担、社会价值观的冲击、舆论的误导，更加剧了经济困难者的弱势感，致使他们看不到自己的优势、生活兴趣和人生的未来。于是，为了不让别人小看自己，就容易滑向人生的深渊。贫困带来的问题的确不容忽视。

有一位普通女工，和丈夫带着个女儿，经济并不宽裕，她自己身体也不太好。那时北京曾掀起一股钢琴热，条件好的父母都给孩子买架钢琴，希望培养出个艺术家来。她怕别人嘲笑她没钱，也不甘示弱，拼命攒钱，还偷偷另打一份工。一架钢琴的价格对她来说无异于天文数字，于是整整 3 年的时间，她和丈夫只吃馒头蘸酱，连青菜也舍不得买。当然由于她都是躲着别人吃，大家也是事后才知道。后来虽然把钢琴买下来了，但由于长期营养不良，再加上超负荷的劳动量，她的身体也拖垮了，钢琴买完没过半年就撒手人寰了。而她的女儿，其实对钢琴并不感兴趣，那架辛辛苦苦买来的庞然大物最终成了摆设。人啊，最重要的就是要做自己，不要被花花世界所迷惑，否则受伤的最终还是自己。

如果换个角度分析，贫困可能是福。因为在特殊的环境下，你获得了将来生活所必需的心理承受能力和压力应对能力。职场上经典的总结是：放下身段和尊严是迈进职场的第一步，很多从小娇生惯养的“小公主”、“小皇帝”在职场上不知吃了多少闭门羹、被讽刺了多少回才算通过这门“课”。从农村走出来的孩子，经过几年贫困大学生活已经培养出了能屈能伸的韧劲，这就是优势。学生时代就精打细算、生活支出有计划的人，工作以后也会保持良好的理财习惯，这是积攒财富的必要条件。对于有过为生计所迫经历的人，会从容面对以后生活中出现的挫折和苦难。

面对贫困，我们要努力抗争，而不能安于贫困。如果别人歧视你贫穷，那么你自己就不要歧视自身的贫穷。而那些为了摆脱贫穷，想方设法、费尽心机、不择手段的人，虽然严格地说没有犯什么法，但人格上却不好评价了。

在逆水中行舟，会出现三种情况：认为自己无论多么努力，也无法与水流抗争，于是灰心丧气，任由船漂流；不抱太大希望的人会使一点儿力气，勉强和水流力量相抵，船基本维持原位；然而拼尽全力的人最终会划到彼岸。顺水而流固然不错，但容易使人放松警惕，富裕亦是如此。富裕固然可以为人创造出更好的学习环境，但不把富裕看作一个有利条件，就容易生于忧患，死于安乐。倒是这可贵的贫穷，给奋起者腾飞的翅膀，令其不断成长、成熟，不断开启成功之门。

现在高唱什么“有一个有钱的老子可以少奋斗20年”、“干得好不如嫁得好”，等等，于是很多大学生毕业不是忙着找工作，而是忙着去婚姻介绍所。这类粗俗不堪的做法不值得效仿。大千世界一切都是相对的，没有贫穷，哪知富裕的好处？不经贫苦的磨炼，人生怎能创造更大的辉煌？就此而言，贫穷的生活，有时也是一种幸运。

贫困其实只是一个词语，它能带给你幸运，也能给你带来不幸，关键看你如何对待它。如果你真的觉得自己很贫困，首先就应该思考的是自己究竟穷在哪儿。先天的贫穷并不可怕，可怕的是对待贫穷的态度。现实是不可逆转的，未来却可以掌控；贫困是暂时的，决定未来的是现在的你。所以，贫困不仅不应该成为你人生的羁绊，而应该成为你成就未来的“垫脚石”！

在困境中寻找成长的机会

每个人的一生中，都会遭遇苦难、挫折，同样也会有美丽。每个人都会有忧郁的时期，但最重要的是不能让忧郁遮盖了生命的色彩。人生中必定会有挫折和困境，如果一味地感叹命运的不公，只会遮挡温暖的阳光，让生活变得黯然失色。内心忧郁的人，经常会因身处困境而消极地看待周围的人与事，甚至对身边所有的人和事都失去兴趣，包括自己。这样的人生是缺乏意义的。其实我们没必要害怕困境，因为困境是筑就成功的基石。那些害怕困难与挫折的人，是很难经得起风雨考验的。只会选择逃避困难的人，终究不会有太大的成就。我们应该看到生活中的闪光点，用积极的心态去面对生活中的一切艰难与困苦。

一座深山中有一块巨石，有一天被采石匠发现了，于是巨石就被运回了城里。巨石被裁成了两块用来雕刻物品。两块石头不知道自己将要面对什么样的命运，不由得忐忑不安起来。

第二天，雕刻师来到这里，他先是选了其中的一块来雕刻。没想到，这块石头刚被雕刻了一下，就感觉非常痛苦，于是它就拒绝合作：不是将刻刀崩坏，就是摇晃自己的身躯。雕刻师实在没办法，就只好放弃了。这块石头暗自得意自己能够躲过被雕刻的不幸命运。

第三天，雕刻师开始对另一块石头进行雕刻。还好，这块石头并没有反抗，而是默默地忍住了被雕琢的痛苦。雕刻师一下接一下地慢慢雕刻、打磨，一直到石头的线条变得异常生动、流畅。

转眼间，就过去了数十天的时间，雕刻工作也已经完成了。忍受住打磨的那块石头成了一尊神像；而那块自以为躲过不幸命运的石头，则成了一块地板，被前来膜拜的人踩在脚下。

直到有一天，地板抬起头来对神龛里的神像说："我们原本来自同一块石头，如今我躺在这儿饱受万人踩踏，而你却高高在上，站在那里受万人膜拜。为什么会有如此不公平的待遇呢?"

那块成为神像的石头说："是呀，我们的确都来自同一块石头，可幸运的是，我经过几位石匠长时间的打磨，才得以站在这里。而很不幸的是，你只愿意接受人们简单的加工，因此就只能铺在地上当石板给别人垫脚了。"

人们通常会把不幸视为人生的逆境而去抱怨命运的不公。可谁又能够料到，有些不幸其实正是生活对我们的一种磨砺与考验，也同样是不可多得的宝贵经历。很多时候，一件好事的到来，或一位伟人的成功，往往就是靠自身的不幸遭遇造就的。

莎士比亚就说过："什么也比不上厄运更能磨炼德行。"的确是这样，困境确实是一所很好的学校，因为这个世界上没有什么东西比残酷的现实更能磨砺人。每一次不幸的经历，都会让你看清楚很多平时看不到、看不清、看不透的事。虽然不幸的际遇让人痛苦，但不可否认，它也是一所杰出的学校。正因为我们人生中种种不幸的遭遇，才让人不得不去认真思考自己的人生，正是不幸给我们提供了开掘自己智慧的契机。从某种意义上讲，命运就如同一座大钟，大多数时候，只有勇敢地接受不幸不断地撞击，生命才会释放出最响亮的声音。

莎士比亚曾充满深情地对一位刚刚失去父母的少年说："你是很幸运的一个孩子，因为你拥有了不幸，在年少的时候。"少年对于艺术大师的话难以理解，因为当时这个孩子正处在孤苦无依的悲惨境地。

望着孩子充满疑惑的眼神，莎士比亚摸着他的头说："因为不幸就是人生最好的历练，也是人生不可或缺的教育历程。因为在你知道失去了父母以后，一切就只能依靠你自己了。"这个孩子叫杰克·詹姆士。在49年之后，他成为了英国剑桥大学的校长。

一个不能够承受不幸的人，才是真正的不幸。能够承受不幸是一种能力，需要我们不断地修行。如果能够在一次次遭遇不幸时得到锻炼，学会如何正视不幸，那么不幸就会成为我们人生中的一笔巨大财富。当我们遭遇不幸而不失去希望时，那我们就会成为生活的强者，成为命运的掌控者。

曲折的经历会让生活更精彩

人生就如同行路，如果这条道路一直都是笔直平坦的，那么行路虽然顺畅，但会缺少刺激，人生也就因此而缺少一些波澜和惊险，容易平淡无味。反之，曲折的人生虽然让人饱经磨难，却会处处充满精彩。

唐代著名诗人白居易，在游历庐山以后写出了一首诗，描绘的就是这种精彩。诗是这样的："人间四月芳菲尽，山寺桃花始盛开。长恨春归无觅处，不知转入此中来。"如果你没有到过庐山或是不了解庐山独特的自然气候，就会怀疑诗人在这里是不是描述错了，人间的桃花已经凋谢，山寺中的桃花怎么才刚刚盛开？只有在你了解过之后，才会真正被诗人所描述的诗意所陶醉。我们的世界虽然很精彩，但也很无奈。世间万物，只要去经历，必定会有感悟和收获。正因为如此，生活中有的人会惧怕困苦和磨难，有的人却喜欢在这种境界中奋斗——这种人就是生活中的强者。

陈先生是一位资深品牌策划专家，之前他曾经是北京某高校的一名英语教师，在20世纪80年代，这可是一份相当不错的职业。可出人意料的是，他却在亲朋好友的一片羡慕声中作出了一个大胆的决定：自费去国外留学深造。

在今天，放弃稳定工作而选择自费留学的事情时有发生，但在当时，他的这一举动却颇让人费解。面对来自家人、同事和朋友的一片反对声，他平静地说："我很欣赏《钢铁是怎样炼成的》这本书中的一句话：人的生命对每个人只有一次，当我们回首往事的时候，不会因虚度年华而悔恨，也不会因碌碌无为而羞耻。我就是想寻找这样一种感觉，因此，我要出去多经历一些，在一个新的世界里有一个全新的开始。"

20世纪留过学的人都知道，留学生活是非常艰苦和清贫的，在国外不会像在国内有家人的照顾、有稳定的收入来源。在国外留学，一切都得靠自己的双手去创造，为了能够更好地生活和学习下去，陈先生经常需要付出比别人多一倍的努力去拼搏。

陈先生至今回想起来那段经历，依然历历在目。但那份经历也磨炼了他的意志，让他收获了一份特别的礼物，这是用多少钱都买不到的。他现在的策划事业做得非常成功，其中当然也不可避免地会碰到困难，然而，只要想想出国留学那段艰难的岁月，生活中也就没有什么迈不过去的坎儿了。

坎坷的经历就是一笔财富，这笔财富是别人无法给予的，也是其他人难以模仿的，更不是固守在一个小天地里就能够得到的。

人生的每一次经历，都是一次认知水平的提高，也是一次人生阅历的丰富。经历是生活最好的老师，是一笔宝贵的财富，它能够让我们开阔视野，明知事理，懂得如何生活，进而升华自己的人生。生活积累得越多，人就会越成熟；人生经历得越多，生命就会越深厚。丰富的经历，铸就了我们丰满的人生。

有些经历也许会给我们带来痛苦、失落和遗憾，正因为如此，我们的毅力才会因痛苦的磨炼而变得更加坚强，思想才会因碰撞、触动而深邃，心灵也会因生活的磨砺而更加纯净。

只有经历过失败，我们才会懂得更好地把握成功的机遇；只有经历过痛苦，我们才更懂得如何去创造快乐；只有经历过失去，我们才不会轻易放弃自己身边的所有；只有经历过病残，我们才更懂得如何享受精神的收获。与此同时，我们也学会了很多生活的经验，学会了怎样去承受压力、怎样勇敢地面对生活的困境，走出妄自菲薄，走出忧虑叹息，走出厄运下的阴影，勇敢地迎接风雨。学会了如何在磕磕碰碰、坑坑洼洼中站稳，才更能深刻地体会到失去的珍贵和拥有的幸福。

苦难是幸福的前奏

对很多人而言，生活其实非常奇怪，很多人因为眼前光明，反倒迷失了前进的方向；而很多人即便身处黑暗，却能够磕磕绊绊地走向成功，最终享受成功的喜悦。

有一天傍晚，一位书生在翻越一座山时，不幸撞见了一个土匪。书生非常害怕，在慌乱之中他躲进了一个山洞，而土匪也穷追不舍地跟了进来。

书生毕竟没有土匪身手敏捷，没逃几步就被土匪抓住了。书生不仅遭到了一顿毒打，还被抢光了身上所有的钱财，其中包括一盏夜间照明用的灯。土匪还不允许书生跟着自己一起走出山洞，他命令书生到第二天再走。书生只得老老实实地待在原地等待着。

他们走进的这个山洞千回百转，不仅又深又黑，而且是洞中有洞，洞中道路纵横交错，如同一个地下迷宫。土匪心中暗自高兴，幸亏他从书生那里抢来了这盏照明灯，不然自己就无法走出山洞了。

就这样，土匪借着照明灯的亮光在洞中行走。但是他越走越觉得心虚，越走越觉得害怕。这是因为，虽然光亮使他能够看清脚下的石块和周围的石壁，令他不至于因看不清而碰壁或者被石块绊倒，可是，他一直走来走去，已经过了很长的时间，却还是没能走出这个山洞，反倒是越走越深了。这个土匪越来越担心，甚至有些绝望了，终于走得双脚发软，瘫坐在地上再也不想起来。

而此时，那位体质并不怎么好的书生在等了很久之后，确定土匪已经离开比较远了，这才开始出山洞。因为已经没有照明灯了，他只好摸黑向洞外走去。

书生在黑暗中摸索行走得十分艰难。他时不时碰壁，还时不时被脚下的石块绊倒，弄得浑身到处都是伤。即使这样，伤痛也并没有让他失去信念，他相信自己一定可以走出这个山洞。虽然山洞里千回百转，但是他却没有担心害怕，他慢慢回想起了不久前跟同伴前来这里追捕野兔的经历。他努力地回想着当时在这个洞中行走的道路。

浑身是伤的书生，一步步慢慢地扶着石壁向前行走着，置身于洞内一片黑暗中的他，眼睛反倒变得更为敏锐。在几经摸索之后，他忽然感觉到了洞口透进来的微弱的亮光。他迎着这缕微弱的亮光摸索爬行，最终找到了洞口，逃离了这里。

过了几天之后，当书生和同伴再次为追捕猎物而走入这个山洞的时候，闯入他们的眼帘的，竟然是那个土匪的尸体。

不要绝望于生命中的种种打击，你要相信，在浓浓的黑夜过后，就将迎来充满希望的黎明。在黑暗之中，点亮自己的那根蜡烛，将你身边的黑暗驱走。你要知道，每个人都会经历人生中的黑暗期，这些黑暗就是我们面临的挫折和困难，它让我们看不清前方的道路。可是，只要我们信念永存，充满希望，就一定能够战胜这些黑暗。

一个人从小到大经历的，一定不仅仅是几次摔倒再爬起来那么简单。在我们成长的过程中，会摔倒无数次，假如人们都因为摔倒而放弃，那恐怕我们到现在还不能学会走路。

难道是因为人的学习能力退化了吗？当然不是。人的学习能力并没有退化，退化的是人们面对困境时的勇气和决心。在一次次摔倒后，我们仍能够不放弃，能够总结经验重整旗鼓，继续坚持走下去，才会有走到成功的一天。若受了一次重击后便一蹶不振，那就只能永远趴在胜利者的脚下。一旦你选择了向厄运低头，那么厄运之神就会变得越来越嚣张。因此，无论在任何时候，都要学会让自己的意志坚强起来，坚定自己的理想信念。

带上你的笑脸出发吧，去迎接生活中的每一天，让每一天都充满着快乐和幸福。即使身处困境，也不必灰心，更不能绝望。我们可以换一个角度想一想，每当我们遭受一次挫折，对生活的认知就会更全面一点儿；每当我们失败一次，对成功的觉悟就会提高一点儿；每当我们遭遇一次不幸，对快乐内涵的认识就会变得更深刻一点儿。

天无绝人之路，当我们被重重困难包围而感觉无法呼吸的时候，请时时牢记：在我们的心中，有一盏非常明亮的心灯，只要我们慢慢静下心来，就能寻找到解决难题的方法。

在遭遇逆境时，要学会转一个身

人生在世，无论干事业还是过日子，都盼望着能够一帆风顺，能够遇到一个顺心可意的环境。可是，从长远来看，这却是不大可能也不太现实的事情。逆境经常会像影子一样追随着我们，并时不时顽强地显露出来，给人们带来困扰。从古到今，一个人一辈子总是扯“顺风旗”的事，我们似乎还从未听说过。

虽然人们讨厌逆境，但又不得不经常身处逆境。这虽然并不是值得称羡的好事，但也绝不是不可摆脱的坏事。从某种意义上来讲，逆境也是一种机遇，也是人生和事物发展过程中的所要经历的必然。就事业来说吧，我们常说并也坚信“前途是光明的，道路是曲折的”，这“曲折”二字从根本上已经明白无误地告诉人们，到达光明前途的道路充满了困难、挫折和坎坷，身处逆境是不可避免的。

打个比方，逆境就如同磨刀石，它可以磨砺人们的品格、才气和胆识，也可以激发人们奋发向上的毅力和勇气。曾经有位哲人说过，“人们最出色的工作和事业往往是在逆境中做出来的。思想上的沉重压力，甚至肉体上的痛苦都有可能成为精神上的兴奋剂”。

翻看一下中国的历史，文王被拘而演《周易》，仲尼逢厄运而作《春秋》，屈原被放逐乃赋《离骚》，孙子膑脚而著述兵法修列，吕不韦迁蜀而世传《吕览》，韩非子囚秦而有《说难》，包括诗三百，似乎无不是圣贤先哲们在逆境中所完成的。这诸多的事实大约也证实了先哲们的一种体悟，即“故天将降大任于斯人也，必先苦其心志，劳其筋骨，饿其体肤，空乏其身，行拂乱其所为，所以动心忍性，增益其所不能”。

身处逆境虽非好事，但能够锻炼人才，也蕴含着摆脱困扰而再次前进的机遇。对一个人而言，逆境就好比“清醒剂”。我们总要有些逆境的遭遇才好，否则就容易陷入消沉麻木而失去了进取的锐气。逆境如同一面镜子，它不但能够映照出勇士不倦思考、大胆开拓、奋勇进取的飒爽英姿，而且也能够折射出懦夫望难生畏、精神萎靡、调头退却的屃样。

其实，逆境并不可怕，可怕的是人们缺乏身处逆境的思想准备。如果能够把顺境和逆境都视为一种机遇，身处顺境不忘逆境的艰难而奋进，身处逆境又能看到顺境的希望和前途而努力，面对花开花落而心地坦然、处变不惊，将会对我们的事业大有裨益。

人常说“十年河东，十年河西”，也就是相信目前虽处于不幸的环境中，但是终会有峰回路转的一天，以此来不断提醒自己要忍受眼前的痛苦，等候时机的到来。

在逆境中最忌讳的反应有三个，一是意志消沉；二是焦躁不安；三是惊慌失措、盲目挣扎。若是犯了这三项中的任何一项，就会坠入万劫不复的深渊之中，再也无法从逆境中摆脱出来。

身处逆境时，最重要的就是要沉着地等待时机。就如《菜根谭》中所讲的那样，潜伏林中的鸟一旦展翅高飞，必会一飞冲天；急不可待绽开的花朵，必然早早凋零。明白这个道理，就会知道凡事急躁是无用的，身处逆境，只要去储备精力，重展身手的机会就会来临。只有持有这种信念，才能跑完人生这段漫长的道路。

有位智者这样说："顺境的好处是人们所希冀的，但逆境的好处则是让人惊叹的。"的确如此，逆境并不缺乏安慰和希望，顺境也并不缺乏恐惧和烦恼。

热爱旅行或冒险的人，往往对平坦好走、容易抵达的地方缺乏兴趣，而偏偏喜欢寻找那些险峻的山，尚未开发的林，或渺无人烟的岛。他们认为旅行的最大乐趣，就在于克服路途中的困难，在于到达旁人不易到达的地方，在于发现新的妙境。懂得人生的人同样如此，他们一般不喜欢平凡的生活，而愿意去尝试一些艰难的、冒险的但却很有意义的生活。因为他们知道，只有克服了困难，走过了险境，才能真正品尝到一些人生的真谛。

苦难是成功的垫脚石

"苦难对于天才而言是垫脚石，可对弱者而言却是一个万丈深渊。只有正确地对待逆境，才能正确地面对它，通过自己的不懈努力，最终获得成功。"巴尔扎克如是说。

能行走在平坦的大路上可谓幸福，但这种幸福往往经不起岁月的考验，风雨一旦过后，便会徒留一地伤感。

假如一个人从未经历过苦难，就不知如何面对苦难，也就会变得软弱，变得人云亦云，变得失去自我。要知道失去坚强的支撑，一切幸福都不会长远，这就是未经历苦难洗礼的遗憾。虽说在经历苦难时总有许多欲语还休的感触，可是这些磨难却会迎来更美好的明天。

生活如同一座大熔炉，就如真金不怕火炼一般，一个人只有经历过苦难的锤炼，才能彰显其价值。要想让自己成为金子，肯定要经历一个艰苦的过程，这样才能抵挡世俗的干扰。

美国著名电台主持人莎莉·拉菲尔曾在自己的职业生涯中有18次被辞退的遭遇，有人把她的主持风格贬得一无是处。

刚开始时，莎莉·拉菲尔想到美国大陆无线电台工作。可是，电台负责人因她是女性，不能吸引听众，很自然地就把她给拒绝了。

后来，莎莉·拉菲尔又来到波多黎各，她多么希望自己能有个好运气陪伴。可由于她对西班牙语不太懂，为了能让语言熟练，她足足用了3年时间。在波多黎各的这些时间，她最重要的一次采访，也只不过是一家通讯社委托她到多米尼亚共和国去采访暴乱，就这么一次重要的采访还得自己掏差旅费。

虽然莎莉·拉菲尔在此后的几年里一直不停地工作，但是她同时也在不停地被辞退，甚至有的电台指责她，根本就不清楚主持是什么。

她在1981年又来到了纽约的一家电台，可是，她很快被告知：她与这个时代有距离，莎莉·拉菲尔为此失业了一年多的时间。

一天，莎莉·拉菲尔把自己的清谈节目策划向一位国家广播公司的职员进行推销，得到肯定。可是，此人不久就离开了广播公司，她不得不把她的策划向另外一位职员推销，她的策划没能引起这位职员的兴趣。尽管别人同意雇用她，但是对她搞清谈节目不同意，而要她改为主持一个政治性的节目。

政治对她来说是一点儿也不懂，可是莎莉·拉菲尔太想得到这份工作，因此，她开始对政治进行“恶补”……

那是在1982年的夏天，莎莉·拉菲尔以政治为内容的节目开播了，她也让观众打进电话参与讨论国家的政治活动，还包括总统大选。她那娴熟的主持技巧和独具的亲和力，在先前的美国电台史上是绝无仅有的。

由此，她一夜之间成为名人，她的政治节目也因此成了全美国最受欢迎的节目。莎莉·拉菲尔成为了美国一家自办电台节目主持人，她曾经两度获得全美主持人大奖。她主持的节目每天都会有800万观众收看。她在美国传媒界中就是一座金矿，任何一家电视台、电台请到她，肯定都会有着丰厚的回报。

对于自己的成功，莎莉·拉菲尔说："我被人辞退的时间平均为每1.5年一次，那时，我认为自己这一生算是没希望了。可我坚信，上帝只掌握了我一半的命运，我只要坚持努力，掌握在自己手中的那一半就会越来越大，把上帝掌握的一半给赢回自己的手中。有一天，我终于赢得了上帝。"

艺人琳达在青春期的时候，也像大多数青少年一样害羞，她对自己的未来感到迷茫。那时，她觉得自己是一只丑小鸭。还好，她知道丑小鸭是白天鹅的前身，有一些远比外在的美丽更重要的品质。她是那种清新型的女孩，气质也非常好，至少她自己认为从审美的角度来讲，自己还算得上一块璞玉，只要稍加琢磨就能发出耀眼的光芒。因此，她决定展现自己的内在美。

于是琳达就去健身，并开始学习一些仪态方面的知识，随后就报名参加了一个选美比赛。在那次比赛中，虽然她尽力去展示自己的美丽，可是依然没能进入决赛。不过琳达并未灰心，她依然相信只要自己努力，就可以成功，于是在经过一段时间的锻炼后，她紧接着又参加了许多次比赛。当最终夺得了冠军时，她已经参加了20场选美比赛。

琳达夺冠后，又带着那份自然的气质与热情踏入了娱乐圈。刚开始，人们都称她为花瓶，没人看好她的演技。可是她毫不气馁，在经历了几次挫折以后，她用心充实自己，很快她就具有了自己独特的演艺风格，成为一名出色的艺人。

成功并非一蹴而就的事，遇到挫折的时候，一定要咬紧牙关，坚信这些苦难只是暂时的。只要我们能够坚持自己的信念，并一路走下去，就一定会收到应有的回报。这就好比逆水行舟，在你划过最艰难的路程之后，才有可能感受到直奔大海的喜悦，体会到放舟千里的豪情。

越是艰难困苦之时，越要沉着冷静

在市场兴旺时增加投资、扩充人马，在经济萧条时减少雇员、削减投资，这是经营者的常规做法。然而，日本的松下幸之助在公司面临危机的情况下，却反其道而行之，并因此使松下公司更加兴旺。

松下公司是由松下幸之助创办的一个大型电器王国。然而，松下在创立的70多年的历史中，曾多次遇到生存危机，但最终还是顺利地渡过了难关，这全靠松下过人的用人策略。

20世纪50年代，日本出现经济大滑坡，不少公司已经难以支撑。为此，松下公司召开高层领导会议研究对策。

有不少人提出，公司的产品卖不出去，已经没有钱发工资了，唯一的办法是减员，至少裁去一半员工。消息传出后，整个公司人心惶惶，许多职工感到这个时候离开松下简直就无法生存。因为，经济大萧条时期，找份工作简直比登天还难。

日本的一些别的大公司，为了减少开支也在纷纷减员，一时间社会上到处是失业的人。因为害怕失去工作，不少工会又组织了罢工。这样一来，劳资关系更加紧张了。

一些与松下有商业活动的公司，也关注着松下用什么办法来渡过难关。

可是，当时的松下幸之助却躺在医院里。于是，商界传出许多谣言，说松下已经病倒了，松下公司对渡过难关没有什么办法了。一时间，松下公司的员工都感觉末日即将到来，很多人已无心工作。

公司的武久和井植两位高级总裁到医院去看望松下。

“松下先生，我们现在十分困难，已经拿不出什么办法了。”武久说。

松下问道：“真的就没有什么好办法了吗?”

“松下先生，办法还是有的，那就是首先将公司的职员减少一半。”井植说。

松下躺在床上没有说话，可是看得出来，他的心里早已经有办法了。“我已经决定一个人也不减！”

武久和井植一听，都大吃一惊。

松下看出了他们的疑惑，于是说：“若我们减两个人，别人就看出了我们的困难，他们就会趁机和我们讲条件；若我们不减人，就向外界表明，我们是有实力的，也是十分自信的，别人不敢小看我们。”

“同时，”松下接着说，“这些员工为松下公司辛辛苦苦地工作了这么多年，一有困难便抛弃他们，会让他们感到寒心。我们应该和他们一起共渡难关。相信我，困难一定会克服的，我们要患难与共。”

武久和井植虽然觉得松下言之有理，但还是不放心地问道：“松下先生，这样当然好了，可是，总要有个办法呀！”

“办法我已经想好了，那就是改为半天上班制，工资按以前的发全天的。”

“这个办法怕是不行吧。这样下去，公司用不了多久，就会成为一个空架子了。”

“哈……哈……”松下笑了，“就这样办吧，你们不用担心，绝对不会像你们想的那样！放心好了。”

武久和井植半信半疑地走了。

两人回到总部，集合起全体员工。一级一级地向下传达松下先生的决定。员工们听到这个决定都高声欢呼起来。几乎所有的人，都发誓要尽心全力为公司而奋斗，公司上下出现了万众一心、共渡难关的壮烈场面。

当外界听到松下公司不减一人，而且只上半天班，发全天工资的做法时，顿时觉得松下不愧是日本第一大公司，松下幸之助一定有灵丹妙药和回天之力。

最重要的是，这一决定稳定了军心。人人上阵，全力工作，只用了两个月，松下的产品产销空前旺盛。松下不得不停止了半天工作制，而且还要加班加点才能将大批订货赶制出来。

松下不愧为经营之神，在黑云压城城欲摧之时，能够从容不迫，在困难的时候反其道而行之。于是，变不利为有利，最终取得胜利。

没有团结的队伍，就没有成功的事业。临危不惧，方显领袖本色。松下的成功之处就在于他稳住了军心。

越是艰难困苦之时，身为领导越要沉着冷静。此时，你的下属极有可能已毫无斗志，不堪一击。因此，你的最大困难就是如何稳住军心，只要稳住阵脚，再大的困难最终也会迎刃而解。

磨炼品性的最好导师是逆境

威廉·波里索在他的畅销书《十二个以人力胜天的人》中这样写道：“生命中最重要的一件事，就是不要把你的收入拿出来算作资本。任何一个傻子都会这么做，但真正重要的事，是要从你的损失中获利。这就需要具有才智才行，而这一点也正是聪明人和傻瓜的根本区别。”

或许你认为这句话是在威廉成功之际说的，而事实上，说这话的时候，他刚刚在事故中失去了自己的一条腿。

成功学大师卡耐基就认识一位失去双腿的人，他叫班·符特生。卡耐基是在佐治亚州大西洋城的一家旅馆的电梯里遇到他的。当时，卡耐基正要踏入电梯时，他注意到这个两条腿都断了但看上去很开心的人。当电梯停到他要去的那一层时，他很高兴地问卡耐基是否能往旁边让一下让他转动他的轮椅。

“真抱歉，麻烦你了。”他说。

说这话的时候，班·符特生的脸上露出一种特别温暖的笑容。

卡耐基去请教这个人，他想知道：到底是什么力量，使得一个断了双腿的人，还能如此欢乐与开心？

班·符特生微笑着对卡耐基说：“事情发生在我24岁那年。一天，我砍了一大堆胡桃木的枝干，准备做我的菜园里的支架。我把那些胡桃木枝干装进我的福特车里回家。忽然间，一根树枝卡在引擎中，恰好车子正在急转弯。车子冲到路外，将我撞在树上。我的脊椎受伤了，两条腿都没了知觉。”

于是，就这样，仅仅24岁的班·符特生，就只能终生依靠轮椅生活。

卡耐基问他为什么能够勇敢地接受这个事实。他笑着说：“我以前也不能接受。”他当时充满了愤恨和伤心，抱怨自己的命运。可是时间仍一天天过去，他终于发现愤恨使他什么都做不成，只会以恶劣的态度面对别人。

“我终于明白，”他说，“大家都对我非常好，也很有礼貌，所以我至少应该以礼貌的态度对待别人。”

正值风华正茂时失去了双腿，没有比这更让人难以面对的逆境了。让他从逆境中突围而出的，仅是“对人要有礼貌”这一简单的信念。

“不仅能在必要情况之下忍受一切，而且还要喜欢这种情况。”这是尼采对超人的定义。

虽然眼光比不上鹰，但人类发明了望远镜，能够用它观察到星类的行动；发明出显微镜，能够见到很微小的东西。人类的听觉比不上猫，但是人类发明了留声机和无线电，于是人类低劣的视觉和听觉都得以补救，为其他动物所不及，人类的生活因此就比其他动物要美满得多。人类本是一切生物中的最弱者，现在却成为自然界的强者。

衣服的发明补救了裸体无毛的缺点，烹饪的方法补救了消化不良的缺点。人类不甘寂寞，他们需要得到同类的帮助，于是产生了语言，随后语言又变为文字。人们的嗅觉远不如一只狗，却能制造出最香的东西……

总之，人类没有因为身处逆境而受尽折磨，相反，逆境使人类的生活向前发展，得到幸福。只有庸俗、懒惰和不长进的人，才会日夜祷告着好运的来临和安乐的时世。人类最应该祷告的其实是逆境，因为逆境是磨炼品质最好的导师。

耐挫力是检阅能力的标准

通过与磨难的较量，可以全面检阅一个人的意志力和生命力。磨难一旦来临，不管你是否愿意都要去承受，但这种心理承受却有主动和被动之分：心理被动承受者在承受磨难时，始终不愿接受现实，对磨难的抗拒心理非但不利于事情发展，还会降低抵抗磨难的能力；心理主动承受者则恰好相反，他们会主动想办法解决这些困难。面对痛苦和灾难，有的人首先自我否定，一味逃避。如果磨难已经到来，一味地逃避只是懦夫的行为，况且逃避并不能避开磨难。面对磨难最重要的是要心存希望，我们不妨将磨难当成一种体验，这样自己所承受的磨难就会有价值。

著名童话作家安徒生住在丹麦富恩岛上的一个小镇里，岛上还住着很多富人，但他的家庭却很贫困。他的父亲是一个鞋匠，母亲则靠给别人洗衣服赚些钱补贴家用。那些富人的孩子为了显示自己的尊贵，从不和安徒生一起玩，有时还骂他是穷鬼。

安徒生一家三口挤在一间小屋内，家中也没有一件像样的家具，都是那些富人丢弃的东西被父亲捡回来重新进行修理。幸运的是，他的父亲有一双巧手，他们所住的那间破烂的小屋，父亲却把它布置得像一座博物馆。那些别人遗弃的东西，经过他的修理后，就变得好看且实用。这些修过的东西，把小小的房间塞得满满的。

父亲不仅常常讲故事给安徒生听，还给他一些自己雕的木偶。安徒生会自己缝制一些衣服，给这些木偶穿，把它们扮成不同的角色，并用这些木偶配合父亲故事中的情节进行表演。

为了让表演更逼真，安徒生还常常到街头去观察一些他平时接触不到的人，看他们平时是如何生活的。这种经历为他以后的创作，带来了很大的帮助。

可以说，安徒生能写出《丑小鸭》、《卖火柴的小女孩》等脍炙人口的童话，同他小时候的这段生活经历，有着很大的关系。

如果我们想取得成功，就应该正视挫折与磨难，不应该将它视作洪水猛兽。因为安逸的生活像一个柔软的陷阱，你若深陷其中，斗志和勇气就会在不知不觉中消失殆尽。就像水失去压力就不会形成美丽的喷泉一样，人也只有不断地对自己施加压力，才能够获得成功。而享乐，则像没有压力的水，让你只能毫无作为地度过一生。在大部分时候，困难总和成功成正比，安逸是成功路上的最大障碍。

对我们而言，挫折和困难并没有一个统一的标准，也不会有什么预兆和提示，所以人们对磨难会有一种恐惧感。但是，磨难却是人生中一笔最重要的财富，它能使人变得更成熟。我们每个人都应该正确地看待磨难。应对磨难的最好方法，就是接受它并战胜它。

磨难看似强大，但它遇弱即强，遇强则弱，我们完全可以将它看成是在考验我们的心理承受能力。

从生理心理学角度来看，心理承受力似乎和先天的神经特征有关，有人耐受性高，就能承受较大的刺激；而有人则相反，他们不能承受较大的刺激。

在某种意义上，人们有自我肯定的倾向，都会下意识地用自己的标准作为判断事物的依据，如果事情不以自己的标准来发展，就会产生排斥和对抗的感觉。积极的心态有益于我们克服困难，只有保持旺盛的斗志，才能够使自己变得更强大，而失败后的自我封闭只会限制自己的潜能，阻碍能力的发挥。

跳过生活中的不如意

这个世界之所以被人类主宰，并不是因为我们有多么强壮，也不是因为我们具有锋利的牙齿，而是因为我们有充满智慧的大脑，有一种能够看开世事、不因琐事而烦恼的心态。

现实中许多事情都是不尽如人意的，别人可能很幸运，我们却可能和机会失之交臂；别人可能一切顺利，我们却可能正逢不幸；别人可能获得了成功，我们却可能正身处困境。因此，很多人开始感慨生活是如此刻薄，命运是这样不公，开始时刻牢记自己所遭遇的不幸，从而陷入无穷无尽的烦恼之中不能自拔。

著名跳高运动员巴拉斯出生在一个贫困家庭。她的妈妈是一位患有精神分裂症的病人，不但无法正常工作，在犯病时还经常冲巴拉斯大喊大叫，甚至会动手打她。巴拉斯的父亲小时候患过小儿麻痹症，一条腿瘸了，因此变得对生活失去希望，既酗酒，又好赌。没人管教的巴拉斯每天就像个野孩子一样四处乱跑，同人打架，而且她还染上了偷盗的毛病。

巴拉斯 12 岁的时候，一个叫作威尔逊的邻居——一位跳高运动员，将巴拉斯带到运动场上，教她学跳高。巴拉斯站在运动场上纹丝不动，害羞地问威尔逊："先生，我真的可以像您那样成为一名跳高运动员吗?"

威尔逊反问道："你为什么会这样问呢?"

"您应该知道，我的父亲是一位残疾人，而且是一个酒鬼；我的母亲是精神病患者；我的家里很穷……"巴拉斯回答说。

"这些同你练习跳高有什么关系呢?"威尔逊又反问道。

巴拉斯不知道该如何回答，对啊，这同她跳高有什么关系呢?!她思考了一会儿说："因为我不是个好孩子，而你却非常优秀。"

威尔逊摇摇头对她说："除非你自己想做一个坏孩子，没有人生下来就很优秀。另外，我还要告诉你，别把你不好的家境当成你变成坏孩子的借口。家境不好可以成为你的动力，你有责任让它变得很好。"

威尔逊说完，就给她加了一个 1 米高的栏杆，巴拉斯很轻松地跳过了。威尔逊接着把那根栏杆撤下来，然而巴拉斯只跳过了 0.6

米。威尔逊对她说："这根栏杆就如同你穷苦的家境和全部的问题。刚才你因为没有这根栏杆，跳高的时候就缺乏足够的动力。如果你不相信的话，我现在把杆升到 1.2 米，你还是可以跳过去的。"

栏杆的高度增加后，巴拉斯咬咬牙，果然也轻松跳过了 1.2 米。巴拉斯对威尔逊的话开始深信不疑，她决心要有所作为，用自己的能力来改变家中的一切，不再让自己放任自流。

打那以后，经威尔逊介绍，巴拉斯进入了一家体育俱乐部，也因此认识了罗马尼亚全国男子跳高冠军约·索特尔。通过索特尔的精心培养，巴拉斯在 14 岁时就跳过了 1.51 米的高度。

到了 1956 年夏，巴拉斯终于跃过 1.75 米，首次打破了世界纪录，那一年她刚好 19 岁。1958 年她创造了新的世界纪录——1.78 米。

从 1956 年到 1961 年的 5 年里，巴拉斯曾刷新了 14 次世界纪录。在 1960 年的罗马奥运会中，巴拉斯又以 1.85 米的成绩荣获她人生中的第一枚奥运金牌，她的成绩高出第二名 14 厘米。

1961 年，巴拉斯又再一次打破了世界纪录，跳过了被称为"世界屋脊"的高度——1.91 米。这项纪录被保持了 10 年之久。自 1959 年至 1967 年，她曾在 140 次比赛中获胜，被人们称为喀尔巴阡山的"女飞鹰"。她也是世界上跳高比赛获奖最多的女运动员。

我们经常可以看到很多人身处逆境时，只会一味地抱怨和苦恼，向周围人大声地哭诉生活对自己是多么的不公。他们因此自怨自艾，长期沉溺其中不能自拔，泪水和无奈的情绪终日包围着他们。认真想想，以抱怨或折磨自己的方式生活又有何用，这只会让自己堕落得更深，徒增自己的痛苦罢了。

面对不幸时，我们勇敢反抗，而不是因苦难而懊恼抑或耿耿于怀。我们都希望得到事业的成功和幸福的生活，希望得到他人的尊重，可是遭遇挫折是人生中难以避免的事情，我们经常会遭受生活的嘲弄，这本身也是生活的一部分。就如同巴拉斯跳过的那根栏杆一样，栏杆的名字就是贫穷、苦难和不如意，如果我们每个人都能把它当作一根栏杆去跳，只要跳过那根横亘在自己人生中的栏杆，我们就能够拥抱成功。生活需要我们在苦难时学会跳跃，在痛苦时寻找快乐。

没有绝望的处境，只有对处境绝望的人

有一部电视剧的主题曲曾这样唱道：“生活是一团麻，也有那解不开的小疙瘩；生活是一条路，也有那数不尽的坑坑洼洼……”

是的，人生之路不会总是平坦的，总难免遇到困难、挫折，甚至是绝境。其实绝境并不可怕，只要人不对处境感到绝望，只要心中依然存在同困境作斗争的勇气，即便是山重水复，也总有柳暗花明之时。

绝望如同心灵的毒药，它能吞噬一个人的意志，腐蚀一个人的斗志。哈尔西曾经说过：“没有绝望的处境，只有对处境绝望的人。”

其实，在这个世界上从来就没有什么真正的“绝境”。不管黑夜多么漫长，太阳总会冉冉升起；不管风雪如何肆虐，春风终将吹绿大地。借用诗人雪莱的一句话：“冬天来了，春天还会远吗？”

美国著名作家杰克·伦敦在他的《热爱生命》一书中，叙述了一个触动人心的故事。一个到阿拉斯加淘金的人，在恶劣的自然环境以及饥饿的双重包围下奄奄一息。就在此时，一只同样饥饿与患病的狼来到了这里。于是，人与狼之间展开了一场持久的既充满危险却又绵软无力的殊死搏斗。最终，淘金者在多次感到灵魂与肉体已经分离的情况下，硬是凭借着强烈的求生意志咬断了狼的脖子，在这场人狼之战中活了下来。

活着，看似简单的两个字眼，可在某些时刻，却是如此艰难。万方说：“活着，就是一种态度。”她历尽重重磨难以后的那份恬淡，似乎在告诉我们对于生命来说，繁华落尽，所见的无非就是“活着”二字。

人生的旅程，实际上就是不断地接受磨难的过程。只有在痛苦

的磨难中能用“活下去”支撑住自己的人，才是真正让我们钦佩的人。灾难的来临是我们无法控制的，不过我们却能选择活着的方式。

于丹教授曾经讲了这样一个故事：挑选一个正在正常生长的南瓜，然后在这个南瓜上面放重物，并且在它的生长过程中不断增加重物的重量，直到它瓜熟蒂落时再将重物拿下。这个南瓜从表面上看同别的南瓜没有什么区别，不过用刀切一下你就知道区别了，普通南瓜用刀子一切就开，可这个承受过甚至超过自己体重重物的南瓜却坚如磐石，只能用电锯才能锯开。

当灾难袭来时，我们可以选择倒下，甚至从地球上消失，可是我们也可以在灾难的重压之下，让生命的触角得以延伸，变得更为坚毅。

谁不希望人生之路处处是坦途，谁不希望顺风顺水，然而那样的生命注定是极其脆弱的。当挫折和厄运到来时，我们应当像头顶重物的南瓜那样，勇敢地挑战生命的极限。哪怕是真的到了绝境，也要用自己的双脚挤出一条缝，走出一条路来！

相信所有看过电影《飘》的人，都对这样一个场面记忆犹新：由于南方军在南北战争中失败了，郝思嘉失去了一切，包括富丽堂皇的家园、双亲、深爱她的丈夫、她深爱的儿子。她变得一无所有、孤苦伶仃。她的生活似乎又重新回到了起点。

不过，这些并没有把郝思嘉打垮，这个已到中年的女子，面对被毁于一旦的家园，在橡树底下大喊：“土地，有了土地就有了一切。”她面对着夕阳傲然立于大地之上……

在那一瞬间，郝思嘉那颗饱经苦难的心，一定变得坚强无比。是不幸的生活和多舛的命运，让她拥有了一颗不屈的心，谱写了一曲生命的赞歌！

世界上并没有真正的绝境，只有暂时的挫折。假如你正在承受苦难，那么，请坦然而乐观地面对，因为生命在战胜苦难以后必定会峰回路转，必定会在你的眼前展现出一片更开阔明朗的天地。

正如一首歌里所唱到的那样：“从不结果无论种什么梦，才张开翅膀风却变沉默，习惯伤痛能不能算收获，庆幸的是我一直没回头，终于发现真的是有绿洲。”

打起精神，你比自己想象的更坚强

很多时候，我们只要相信自己，往往就能够创造奇迹。

有这样一个故事：有一个小男孩，非常害怕看到自己的影子，因为他胆小，村子里每个小孩都欺负他，看不起他，甚至辱骂他。

有一天，他的妈妈送给他一个护身符，并且告诉男孩，这个护身符曾经给他的父亲带来过好运，它曾让他的父亲在战争中奇迹般地生还了。凡是戴上这个护身符的人都可以无所不能，再也没有什么力量能够伤害他了。

男孩十分相信妈妈的话。

从那之后，小男孩再也不害怕自己的影子了，以前村子里那些经常欺负他的坏孩子们都开始围在他身边恭维他。

很多年过去了，这个男孩已经长大成人，并且成为了社会上颇具声望的成功人士。

当他的妈妈觉得他已经彻底摆脱了以前的阴影时，才将真相告诉了他：其实那个护身符并没有什么魔力，那只不过是她在路边捡到的一块破铁块而已。她明白那时孩子所需要的是对自己有信心，相信自己可以将每件事情都做得很好。

还有一个故事。一次一位画家去参观滑铁卢战役的战场，偶然发现了一块埋藏在泥土当中的金属，这块金属特殊的样子引起了画家的注意。因此，他趁别人不注意时，将金属捡了起来并放在了自己的背包中。

从那以后没多久，画家就觉得自己的自信心急剧增强，他开始相信自己的能力了，不光是在自己擅长的艺术领域里，在别的方面，他也相信自己可以解决出现的种种问题与情况。之后，他创作了一幅气势磅礴的画作，创作之初他仅仅是想证明一下自己有能力做到。

自然，他并不满足于创作这样一幅画，他的脑子里有着一个非常大胆的设想——打造一个艺术帝国。

就在他将要完成自己梦想的时候，很不幸的事情发生了，捡来的那块金属丢了，而他的梦想也如同气泡一样迅速破碎。

这样的故事或许有很多，有一点是无可否认的，那就是你可以做到你认为自己能做到的事情。这是一条真理，也是很多作家喜欢以此为题材的原因之一。

艾伦弗罗姆在他所著的《爱的能力》一书中总是强调要“爱自己”，里面说到人们总是习惯犯一种通病，那就是轻视自己，而治疗这种病的唯一且有效的办法就是爱自己和信自己。假如一个人总是看轻自己，被别人的想法与看法左右，就会对他人产生依赖心理，生活必定很难有新的突破，甚至还会倒退；而相信自己的人则肯定能够找到自身的价值，并最大限度地发挥出自己的能力。

由于我们的思维是不受束缚的，因此，也不要让我们的生命遭受束缚。思维会为我们做一切有利于自己的事情，它会帮助我们移走山峰、填平山谷。我们自身潜在的统治意识有可能让一切事情都得以实现，我们有可能完成任何自己认为能够做到的事。此能力是上天赋予的，它可以帮助我们解决任何难题，也可以让我们变得十分乐观，它是通往幸福的大门，只要我们始终对美好的事情怀抱期望，这扇大门就会永远敞开着。我们有权利去追求一切美好的东西，所以请你放心大胆地去追求好了。

有可能我们在追求美好事物的过程当中，会遭受失败，而胜利也并没有跟随失败而来，不过只要我们想幸福、想成功，在付出一番努力之后，胜利和成功是会接踵而至的。现在就把我们全部的想法与目标都送入生命的储藏室里，只要努力付出，我们就能拥有充足的力量去过自己想要的生活，而我们所要做的便是在脑海里认真记下自己想过的生活，并且毫不动摇地相信自己的力量是能够让梦想成真的。撒下希望的种子，然后在脑海里勾勒出它成熟时的样子，用信念去浇灌之，用努力去培育之，并让自己总是处于美好的期盼之中，你就有可能创造奇迹。

就好像一句广告词所说的那样：“心有多大，舞台就有多大。”人的潜力是无法估量的，有一些事情明明是我们自己能够做到的，可有的时候我们总是怀疑自己，不敢放手去做，特别是在失败之后，更是不敢再次去尝试。

其实，我们没有自己想象中的那么脆弱，很多事情，哪怕是失败多次的事情，可能只要你再努力一点点，就可以做到了。

第九章

感恩是一种精神高度

少一点儿抱怨，多一点儿感恩

“不要抱怨玫瑰有刺，要为荆棘中有玫瑰感恩。”这句话十分经典地阐述了抱怨与感恩的心态转换。

假如你想抱怨，生活中所有的东西都会变成你抱怨的对象；假如你不想抱怨，你就不会抱怨生活中所有的东西。要明白，一味地抱怨不仅毫无用处，有的时候还会让事情变得更加糟糕。因此，无论现实如何，我们都不应当抱怨，而要凭借自己的努力来改变现状并得到幸福。

我们应当抱怨生活吗？试想一下，我们是不是曾经迫不及待地接受它恩赐给自己的一切，可当它变得沉重郁闷时就马上抱怨它。生活中充满了辛、酸、苦、辣、甜，五味俱全，当你品尝过它的甜美以后，就必须再去品尝一下它的辛、酸、苦、辣。甜美的日子当然会使人高兴，可假如生活中只有甜，那你也就不会感觉到甜了。辛、酸、苦、辣的味道当然不好，但可以使你意志更加坚强，思想更加成熟。一个人如果未品尝过辛酸和苦辣，那么他就白活在这个世上了。

在某个城市，有个年轻人，自认为无所不能，毕业之后碰了好几次壁，始终没有找到合适的工作。他认为自己怀才不遇，对这个世界感到很失望，因为他觉得没有伯乐来欣赏他这匹“千里马”。

在这种悲观绝望的情况下，他来到了大海边，想跳海自杀。当他正要跳海时，恰巧有一位老人从这里经过拉住了他，将他救下了。老人就问他为何要自杀，他说自己得不到他人与社会的认可，没人赏识并且器重他……

老人弯下腰从地上捡起一粒沙子，递给年轻人看了看，接着就随便扔在了地上，对年轻人说："请你捡起来刚刚被我扔在地上的那粒沙子。"

"这怎么可能！"年轻人说。

老人没出声，然后从自己的口袋中拿出了一颗晶莹剔透的珍珠，也是随便扔在了地上，随后对年轻人说："你能否捡起这颗珍珠呢？"

"这当然没问题！"年轻人说。

"那你就应当知道是什么原因了吧？你应当明白，目前的你还没有成为一颗珍珠，因此你还不能苛求他人马上认可你。要想让他人认可，那你就要从一粒沙子变成一颗珍珠才行。"

有时，你一定要明白自己只是一粒普通的沙子，而非价值连城的珍珠。如果想让自己与众不同，那你就要努力让自己变成一颗珍珠。

不错，成长的道路非常痛苦，当蝴蝶还是一个蛹时，也是丑陋与痛苦的，可只要冲破了蛹的束缚，就会变成美丽的蝴蝶，获得真正身心的自由。在成长的旅途中，任何一个人的出发点都不一样，你无法选择你的父母和出身，可你能选择自己的事业和朋友，更能选择变成什么样的人。

我们常常会在日常生活里看到一些总是抱怨的人，"真不幸，今天的天气怎么这样不好。""今天真倒霉，连一个产品也没卖出去。""唉，今天又被领导批评了。"……这个社会对他们而言，永远没有开心的事，快乐的事情被扔在了脑后，不如意的事情却总是挂在嘴上。时时刻刻，他们都有很多不顺心的事情，将自己弄得非常烦躁，将他人弄得非常不安。

事实上，所抱怨的事并不都是什么了不起的大事，都是在日常工作、生活中时常发生的一些小事。不过，聪明的人一笑而过，因为一些事情是无法避免的，一些事情是改变不了的，一些事情是预测不到的。可以补救的就必须尽全力去挽回，不能转变的只能坦然去接受，最重要的是要做好现在应当做的事。

一些人将很多事情看成理所应当，所以心中没有一点感恩的念头。有的人说："我讨厌我的工作，我讨厌我工作中的一切，我必须作一点改变。"实际上，他们需要改变的是他们不知道感恩的心态。假如我们不懂得享受我们已经拥有的，那么，我们就无法获得更多，就算我们获得了自己想要的，也不会享受到真正的快乐。

人们在现实生活里经常自以为怎么样才是最好的，但常常会事与愿违，让我们无法平静。我们一定要相信：现在我们所拥有的一切，顺境也好，逆境也罢，都是对我们最好的安排。只有这样，我们才能在顺境中感恩，在逆境中仍然感觉快乐。

其实，活着就值得庆幸，工作本身就充满了欢乐。人生在世还有什么比活着更值得庆幸的呢？懂得这个道理，人生才会充满感恩，才会充满乐趣。知足与感恩是一种为人处世的哲学，是生活中的大智慧。

在这个世界上，任何一项工作都不可能是完美的，也没有一项工作会令一个人绝对满意。我们无法做到从不抱怨，可我们能做到让自己少一点儿抱怨，多一些积极的心态去拼搏进取。一个人若养成了抱怨的习惯，就如同搬起石头砸自己的脚一样，对自己和别人都没有一点儿好处，生活就变成了一个牢笼，没有一点儿称心满意的地方；相反，则会知道，自由自在地生活与工作，其实本身就是最大的幸福，不需要那么多的抱怨。

衷心希望所有人都能少一点儿抱怨，多一点儿感恩。全身心地投入到工作中去，这样才会离成功更近一步，世界才会变得更美，生活才会变得更甜美。

感恩是一种精神高度

当今社会，物质生活的富裕让很多人经常对身边的任何东西都不在乎了。越来越多的人更加看重金钱与利益，从而忽视了人和人之间的感情，认为父母的精心照顾、朋友的关心帮助都是理所应当的。忙忙碌碌的生活，使我们忘记了感恩，没有时间去感恩，这真是一种难言的悲哀。

在我们的人生旅途中，时时刻刻都会出现让人动容的感恩之事。在日常生活、工作以及学习中所得到的一点一滴的关心和帮助，我们都应该用心去感恩，铭记无私的人性之美与不图报答的帮助之恩。感恩不只是为了报恩，因为有些恩情是我们报答不了的，有些恩泽更非等量报答就可以一笔勾销的，唯有用纯真的心灵去感激、去铭记，才能真正对得起对自己有恩的人。

实际上，我们要感恩的不只是上苍，还有父母、亲朋好友、老板、同事、领导、下属、政府以及社会等。我们的生命、健康、财富，还有我们每日享受的空气、阳光与水，都应该在我们的感恩当中。一位盲人曾让人在自己乞讨用的牌子上这样写道："春天来了，而我却看不到她。"我们和这位乞丐相比，或者进一步说和那些丧失生命与自由的人相比，现在可以这样开开心心地活在世上，难道不是一种命运的恩赐吗？我们还会经常气愤得咬牙切齿地去埋怨命运对自己的残忍与不公吗？

心存感恩，就会更加感激与怀念那些对自己有恩却不求报答的人。正是由于有了他们，才有了我们如今的幸福与喜悦。心存感恩，不仅能够稀释我们心中狭隘的积怨，还能够帮助我们度过莫大的痛苦与灾难。因此说：回报不管大小，不分前后。电影《达摩祖师传》中有一个片段，达摩祖师第一次见梁武帝时，皇帝便问他这样一个问题："朕为百姓做了那么多善事，你看朕的功德有多大呢？"但达摩祖师却说："了无功德。"梁武帝听了非常生气，后来经高僧指点才了解其中玄机，原来功德是无量的，若要斤斤计较，那么功德马上就没了。感恩是一种精神和境界，它是促进自己努力拼搏、严于律己的重要源泉。感恩最本质的方式就是认真做好自己的本职工作，为公司以及社会多作贡献。

我们应感恩自然，感激它提供给了我们人类赖以生存和发展的家园；我们应感恩父母，感激他们给了我们新生命，并将我们抚养长大；我们应感恩老师，感激他们用真诚的心灵播洒甘露，点燃自己，照亮他人；我们应感恩朋友，感激他们给我们友谊，和我们风雨同舟；我们应感恩机遇，感激它提供给我们升华自己的阶梯；我们应感恩苦难，感激它磨炼了我们的意志，让我们的意志更坚强……

当我们学会了感恩时，我们就会变得更加宽容，不再抱怨社会和他人，不再以私心度事和斤斤计较；当我们学会了感恩时，我们就可以用一种更积极的心态去报答自己感恩的对象；当我们学会了感恩时，我们就会带着一颗感恩的心，去帮助那些有困难的人；当我们学会了感恩时，我们就会舍弃那些阴暗自私的欲望，让心胸变得更加宽阔，让心灵变得更加洁净……

感恩就如同阳光一样，能够带给我们温暖与美丽。不管我们从事什么工作，只要长存一颗感恩之心，我们就会拥有自信、坚定、善良这些美好的处世品格，阳光就会照耀我们，雨露就会滋润我们，我们的生活中也就有了一处处美丽动人的风景。

让我们一起行动吧，学会知恩图报。只要我们学会感恩，冬天就不会再寒冷，黑夜就不会再漫长，幸福和快乐就会时时刻刻围绕在我们的身旁。

想开点儿，事情原本可能更糟糕

在事情变得更加糟糕之前，人们往往很难体悟到自己当初是多么的幸运。不要总是对已经发生过的事情大加抱怨，不要总是埋怨自己还缺少什么。能够欣赏自己当下拥有的所有东西，这才是一种大智慧。

从前，有一位国王带领文武百官到海上巡视。在船出航时，不巧遇上了大雨。一名服侍国王的卫兵从来没有见过大海，也没有坐过船，当他看到几米高的浪头此起彼伏地汹涌而来，黑黝黝的海水深不见底时，他控制不住心中的恐惧，一直哭哭啼啼，战栗不已。尽管大家百般劝慰，但他仍继续哭闹，扰得大家不得安静。

整条船上的人，几乎都受不了他，而本身就为此担忧的国王听见他的哭喊声后更为恼怒，一气之下就下令将他关起来。这显然不是最好的方法，因为他在船舱里仍然哭喊，可大家始终想不出办法让他安静下来。在国王想杀掉他的时候，一位官员说："请您允许我试一下，也许可以使他安静下来。"国王答应了。

这位官员立刻叫人在那名卫兵的腰上系上一根绳子，把他抛到海里去。可怜的卫兵一被丢下海，就更加高声嘶叫，手脚乱动。但是没人理会他，沉浮了几次之后，官员才让人把他拖上船来。被拖上船的卫兵连忙双手紧紧地抱着桅杆，坐在那里浑身发抖，不敢再吭声了。

这下，国王很满意，便开口问那位官员："你这方法奥妙何在?"官员答道："若是他不知道灭顶之灾的痛苦，就想不到稳坐船上的可贵。人总要经历过忧患的无奈，才会知道安乐的可贵。"

没有经历过忧患，又怎会懂得安乐的可贵? 不经历失败，又怎会了解成功的艰难? 在平常的日子里，每个人都应该珍惜安乐的来之不易，而不应抱怨自己有什么东西还没得到。只有我们想到现在的情况还不是最糟的时候，才能更加珍惜目前所拥有的，才不至于一味地在没得到的事物上较真儿。事实上，我们永远不是境况最惨的人，若是觉得自己太过悲惨，很可能就是由于我们所求太多造成的。

有位智者在去城里的路上遇到一个双眉紧锁的人，智者就问："你怎么了，为什么愁眉不展的?"那人举了举手中破破烂烂的口袋，埋怨道："世界这么大，而我现在所拥有的东西却连这个破烂肮脏的布袋都装不满。"智者摇摇头说："真是太糟糕了。"语毕，突然从那人手里抢过这个破烂的布袋，沿着路跑了。

那人失去了仅有的一个布袋，不由得大哭起来，样子比以前更加可怜了，但是他还要赶路，只好一边哭一边继续向前走。此时智者飞快地走到前面的转弯处，把那个布袋放在那人的必经之路上。当那人路过这里时，居然看见自己的布袋就放在路上，就开心地大笑起来，一边笑还一边欢快地叫道："我终于找到我的布袋了。我还以为要永远失去这个布袋了呢！"

此时，躲在路边草丛中的智者看到了这一切，不禁摇头叹息道："快乐就这么简单。这也是让别人高兴的一种办法，为什么很多人就是意识不到呢？"

作家契诃夫曾为一些心理不平衡而萌生自杀念头的人写过这样一篇文章：为了不断地感到幸福，那便需要"事情原本可能更糟"，这是不难的——如果火柴在你的口袋里燃烧起来了，那你就应当庆幸，而且要感谢上苍，幸亏你的口袋并不是火药库；如果有穷亲戚来别墅找你，那你不要脸色发白，反而要高兴地说："非常好，幸亏来的不是警察"；如果你的手指头扎了一根刺，那你应该高兴："真好，幸亏这根刺不是扎在我的眼睛里"；如果你有一颗牙痛起来，那你应该高兴，幸亏不是所有的牙都痛；如果你挨了一顿棍子，那你就该蹦蹦跳跳地笑着说："我多幸运，人家总算没有拿着带刺的棒子打我"；如果你的妻子对你变了心，那你就更该高兴，幸亏她背叛的只是你，而不是我们国家。

也许你会觉得，将自己当前的境况想象成是幸运的，会让你想到鲁迅笔下的阿 Q。可是，这对生活在充满竞争、纠葛和矛盾的现实中的每一个人来说，是非常实用的生活法则。

例如，在一次升迁中，假如你毫无理由地成了缺席者，那你应该高兴地想：不错了，至少我没有沦落到失业的地步。

假如上司为同事晋了级加了薪，而把你晒在了一边，你也应该高兴地想：照公司目前的情况来看，我没被降薪已经是很幸运了。

假如听到妻子练钢琴时的噪音，你不要急着发脾气，而是要心怀感激，因为你是在听音乐而不是身处荒野在听狼嗥。

假如你不小心碰破了膝盖，如果抱怨，你就会不高兴，可是如果你想幸好碰破的只是膝盖而不是脑袋，你就会觉得自己很幸运。

当你在感叹自己生不逢时的时候，其实更应该感谢上帝，他没有把你送到偏远的地方去。

你应该为自己现在的生活而感到高兴，因为眼下你并不是坐在被告席上，也没有债主在你面前，而是有吃有喝，这难道不是一种幸福吗?

即使你被冤枉送到警察局了，那也该高兴，幸亏不是把你送到地狱的大火里去。

你本身就该高兴，幸好你不是微不足道的毛毛虫，而是生而为人，这本身已经是一种极大的幸运了。

也许这的确有些阿 Q 的意思，只是这种知足可以轻易化解很多人的心理障碍，让你从容应对人世间诸多灾难和痛苦，从而保持一种快乐的心态。

有时候，我们会觉得自己不快乐，是因为我们忽视了自己所拥有的东西，或是抱怨自己拥有的比别人少。往往在失去这些东西的时候，才懂得自己所拥有的那些已经足够了。

只要我们能够知足，快乐其实是很简单的事情。生活的幸福和美好其实都取决于我们的想法，无论遇到什么事情，我们都应该高兴地感慨：事情原本可能更糟呢!

别在意容貌的美与丑，重要的是做你自己

外表美丽的人，自有她们的烦恼，这往往是相貌平平的人所体会不到的。漂亮的容貌，可能给你带来好运，却未必能带给你幸福。美好的相貌是一张通行证，不过这张通行证既能够让人上天堂，也能够使人下地狱；而容貌美丽者往往又难以体会到容貌平平所带来的烦恼，整日在“求美无小事”中生活，沉浸于梳妆和保养，天长日久，难免生出些忧愁。

但是常人并不说这么多，尤其是那些相貌平平者和相貌丑陋者。

俗话说:“郎才女貌”“窈窕淑女，君子好逑”。由此可见，对女人更重要的是容貌的美丑。

已经有美丑之分，标准也就少不了。

当然，美丽的标准并非是绝对的，单拿我们中国的历史来说，历朝历代对美的认识都不统一，甚至会相互冲突。“楚王好细腰”，因此，赵飞燕的细腰倾倒了当时的中国男子。到了唐朝，就变成以胖为美了，杨贵妃的模样可谓是当时妇女的“崇拜偶像”。但一到宋朝，以瘦为美，又成为了风尚。

无论如何，爱美之心，人皆有之。没人否定追求美这一点。孔子尚且说:“食色，性也。”说的是喜爱美丽的事物和喜爱食物一样，是人的天性。

容貌美丽，不仅能让他人赏心悦目，更能够增加自己的自信。在激烈竞争的现代社会，更证明了这一点。所以那些面临毕业，着急找工作的同学，更不忘把自己打扮得漂亮一些，因为美丽方可打动人心。

可是人毕竟有美丑之分，美人也会存在一点点缺陷。丑人想要变美一点儿，美人就想再美一点儿，这样一来，求美就开始了。追求美是人的一种天性。比如说外在美吧，外在美有天生之美与人工之美的区别。当天生容貌不能与别人相较时，就会通过人工美容达成愿望。

还记得那位替父从军、南征北战的巾帼英雄花木兰吧？驰骋战场多年的她，回到家里做的第一件事，就是“开我东阁门，坐我西阁床”，而后，从容地“对镜贴花黄”。目的很明确，用些装饰品将自己打扮得漂亮一些，还我女儿本来面目。

我国古代的女人们，就已经很能求美了。到今天，求美的方法就更多了，对容貌普通的人而言，变成美人已经不再是一个难以企及的梦想。如今的整容手术，能够让你不敢相信自己的眼睛；还有整形手术，也可能让“丑人”大饱眼福。照这样看来，我们要想生活在一个赏心悦目的世界里并不困难。

可是，真到那时候，还会美中不足，这就是审美的标准问题。假如有个统一的标准，那么满世界的美女中，就难以分清这个“美人”和那个“美人”，丈夫找不着老婆，儿子找不到母亲，麻烦就大了。假如没有统一标准，那各个不同标准的“美人”一旦闹将起来，比如现在的“××小姐选美大赛”就乱成一锅粥了。

西格蒙德·弗洛伊德认为人格结构由本我、自我和超我三部分组成。本我就是原我，是指最初的自己，包括生存所需的基本欲望、冲动和生命力。本我是一切心理能量的来源，依照快乐原则行事，它不理会社会道德和外在的行为规范，仅有的要求是获得快乐，免除痛苦。本我的目标就是求得个体的舒适、生存和繁殖，它不被个体所觉察，因为它是无意识的。

所谓自我是自己能意识到的执行思考、感觉，包括判断或记忆的部分。自我的机能是寻求本我冲动能够得以满足，而同时保护整个机体不受损伤，它遵循的是一种现实原则，服务本我。

所谓超我是人格结构中代表理想的部分，它是我们个体在成长过程中通过内化道德规范，内化社会和文化环境的价值观念而形成，其机能主要在于监督和批判及约束自己的行为。超我的特点就是追求完美，所以它和本我一样是非现实的。超我大部分也是没有意识的，它要求自我按社会能接受的方式去满足本我，道德原则是它所遵循的。

在这其中，自我是焦虑和恐惧的所在地。人在生活中经常会经受外界的威胁、超我的制约和本我不合时宜的冲动。

因为有了这些自我焦虑的因素存在，所以你必须要了解自己，就必须和真实的自己和平相处。你应没有焦虑和恐惧地正视自己，单纯地和真实的自己相处，因为想要真正了解某些东西，必须和它亲密相处。但是若你对内心的焦虑习以为常的话，你就不再同它在一起了。比如你在卧室中悬挂一幅字，每天进出都能看到它，两三周过后，你就对它视若无睹了。

如果你已经认清了自己是恐惧和焦虑的，既不去接受，也不去排斥；既不去消沉，也不去得意，只是客观地观照它。这种状态就已经不错了，说明你的心里学会了观照生命。你应学会在生活中观照生命的真实性，敬重生命的独特性，优待生命的自主性，观照我们生命的整体性。这才是真正的你，不会因外界的影响和制约而手足无措。

有个小故事中的蜈蚣就是听了青蛙的话，后来就不能像自然的自己那样从容面对生活了。

有一只青蛙看见一只蜈蚣用一百条腿走路，自己在心里就琢磨：我用四条腿走路就很麻烦，它是怎么用一百条腿走路的呢？如何记住迈腿的先后呢？一天，它终于按捺不住，就当面问蜈蚣。蜈蚣听后也很疑惑了，它从未想过这个问题，每天都会走路，也不知道自己是先迈哪条腿的。

它对青蛙说："让我想一想再告诉你。"蜈蚣就开始站在那里思考，到底先迈哪条腿？越想越迷糊，就想走一下看看，结果晃了几下后就倒在地上了。

它着急地对青蛙说："我现在还是没办法回答你的问题，而且我不能控制自己的腿了。你以后别再将同样的问题问其他蜈蚣了，否则也会给它们带来麻烦。"

这个故事告诉我们的是：要想享受生命中的自然之美，就要和真实的自己和谐相处，做最自然的自己。

不要因外貌不佳而妄自菲薄

我们的容貌是天生的，也是我们无法选择的。然而，即便我们的相貌有微瑕，也不应该为此失去信心。

外表天生丽质固然是好事，但不漂亮也并非什么大事。凡事都不是绝对的，能以其精神面貌成为强者的人，往往就是那些外表不漂亮可却具备智慧和美丽心灵的人。

伴随物质条件的不断优越，很多女人开始跟风整容。这实在是一种追求美丽的误区，也是一种极端没有自信的体现。一个人的价值并不是体现在外表上的，外貌也决定不了你在别人眼中的价值。

有一对夫妻一直过着非常快乐的生活，然而长期以来，妻子都为自己的身材和外貌感到自卑，尽管她的丈夫从未说过她什么，可这始终是她心中的一个疙瘩。

直到有一天，妻子终于难以忍受这种内心的煎熬，她对丈夫撒谎说公司派她出国深造，其实她是去国外整容了。

两年之后，女人变得很漂亮，因为有了自信，人也变得张扬了。在她兴高采烈地回到家中时，面对的是丈夫的疑惑而不是高兴。

他们之间的生活好像少了很多乐趣，别扭地一同生活了一段时间后，丈夫提出要离婚。妻子感到十分困惑，同时也非常苦恼，她没想到自己为爱情去整容，结果却换来离婚的后果。在她问丈夫为何不喜欢现在漂亮的她时，丈夫回答说："在我心中，我的爱人一直是那个身材有点儿臃肿的女人，而不是身边的这个人……"

事实上，决定一个人美或不美的因素是心灵而非外貌。一个人的容貌如何是无法选择的，然而内在的美丽却是能通过自己努力塑造出来的。再说，即使是美若天仙，也挡不过逝去的岁月，终有一天会红颜老去的。然而内心的美丽却会随着年龄的增加而增加，它的美丽是受人敬重的，也是源远流长的。一个人的美和丑，在于她/他的内心，而不在于她/他本来的相貌如何。

钟离春是中国历史上很有名的丑女人，相传她头发稀少、肌肤黑红、脑袋很大，额头朝前凸起、双目下凹、鼻孔朝上翻翘。这种相貌是非常难看的，然而她并未因此自卑，这种心态成就了她的渊博学识。当时齐宣王执政的齐国政治腐败，钟离春为了救国家于危难之中，甘冒杀头的危险向齐宣王诉说国之劣政，并告诫齐宣王若再不悬崖勒马国家就会消亡。

据说，齐宣王闻后极为震惊，他将钟离春当作是自己的一面镜子。他觉得假如有此贤人辅佐自己，自己的国家就能蒸蒸日上，正所谓夫贵妻必贤，于是身边美女如云的齐宣王将王后的桂冠给了钟离春。

相貌还不及平凡女人的钟离春，她并不因自己的相貌丑而自卑，而是借智慧和品德胜出，让人忽略她的外表。她之所以能大胆进谏言，是因为她有着超人的自信，是自信带给她强者的勇气和力量，别人不敢做甚至是不敢想的事情她却做了。

事实上，如果一个人觉得自己是美丽的，那么他就会真的美丽起来；如果他的心中总是在意自己的面貌不如他人，那么他那张哀怨的脸只会让别人看着不顺眼。

下面一个故事就说明了这个道理。有位心理学家从一个班级中挑出一个很不讨人欢心的女孩，并要求她的同学们改变以前对她的看法。

在开始实验的第一天，同学们都抢着照顾这个女孩，对她大献殷勤，陪她一块回家，同学们试着把她当作一个聪明漂亮的女孩。

结果不到一年，这个女孩就发生了巨变，她不仅变漂亮了，连言行举止和习惯也和从前判若两人。她快乐地对同学说，她获得了新的生命。

事实上，女孩还是她自己，然而在她的身上却展现出了自信之美，这种美只有当一个人充满自信的时候才会散发出来。如果一个人不觉得自己心地善良，哪怕只是在心中隐隐地有这种感觉，也不会是个善良的人；如果一个人总是自惭形秽，那他也很难变得让人认同；如果一个人觉得自己不够聪明，那他永远就会笨下去。

因此，既然我们已经来到这个世界上，既然外貌已经很难改变，那么不如来改变我们自己。一个拥有自信的人，即便是坐在轮椅上的残疾人，在与身体健康的同龄人并驾齐驱时，也会超越健康的人；一个充满自信的人，即使只为别人打工，仍然有机会成为富甲一方的强者……自信能让人有骨气，能在面对强敌时毫不畏惧，这样反倒可能使敌人胆怯。拥有自信是人一生最宝贵的财富，也是成就大事者必备的素质之一。

守候心中的那份满足

2002年1月13日，著名作家海明威的短篇小说《老人与海》中主人公的原型、104岁的格雷戈里奥·富恩特斯去世了。

第二天，有27家网站发出这样一张问卷："有这样一个几乎什么都有的人，荣誉——他是诺贝尔奖获得者，地位——他是享誉世界的大师级人物，金钱——他是所在国家的大富翁，爱情——喜欢他的女人非常多，而且都愿意为他奉献一切……总之，他是一个让所有人都非常羡慕的人。可是，在他又一次获奖之后，没过几天，却选择结束了自己62岁的生命。而他的一个朋友——一个几乎一无所有的渔夫，却悠然自得地在海边颐养天年。现在请问各位：为什么一个拥有许多东西的人选择了自杀，而另一个一无所有的人却选择了活下去？如果你已经知道了答案，请把它告诉我们，我们将会把它刻在这位诺贝尔奖获得者的墓碑上，因为至今为止，他的墓碑还是空的。"

问题提出后，每家网站的点击率都非常高。一段时间之后，几家网站都根据点击率，公开人们所选择的答案。

A网站的最佳答案是——墓碑正面：无话可说；墓碑背面：生命是一种非常美好的东西，好到你不论选择以怎样的方式度过都像是一种浪费。

B网站的最佳答案是——墓碑正面：人生最大的满足来源于对目标的追逐；墓碑背面：一个人一旦在自己所从事的行业达到了巅峰，就会有一种空前的寂寞感，这种寂寞感带来的绝望与迷茫会把你送往天堂。

C网站的最佳答案是——墓碑正面：成功是一件非常可怕的事情；墓碑背面：人人都追求成功，其实，成功的背后常常隐藏着魔鬼，而失败背后才有一个拯救生命的天使。

当一些网站还在陆续公布答案的时候，大家对此已经失去了兴趣，因为那个渔夫的儿子，在这段时间内已经公开了一封信，据说是海明威在去世前一天写给渔夫，并交代他帮忙刻在墓碑上的。具体是什么内容呢？那就是——

人生最大的满足，不是对自己的地位、收入、爱情、婚姻、家庭生活的满足，而是对自己的满足。

这段话，应该引起所有人的思索。

古往今来，多少人为名利财物而心迷神醉，永无止境地追逐，结果往往是身体、精神均受累。

人生在世，人们常常被名利所束所累。其实，名利对任何人来讲都是一种心理上的慰藉，只是对自我价值的一种评定，是人们为自己挣得身价的筹码而已。可是没有名利的人，常常会对自己的价值产生怀疑，进一步对自己在世上的价值失去信心。因此，很多人不惜终身求索名利，最终使名利的绳索变成自己生命的绞索，断送了所有的快乐与欢笑。

其实，我们只有懂得守候自己心中的那份满足，才会成为一个真正快乐幸福的人。

一位很有才华的年轻诗人，创作了很多吟风咏月、写景抒情的诗篇，可是他生活得并不开心。因为，他一直都不满足于自己只是写写诗，他更倾向于做一位科学家——那是他一点儿都不了解的学科。

诗人去向一位老钟表匠请教。老钟表匠听了他的话后，没有说话，而是把他领到一间四面陈列着各种各样名贵钟表的小屋子里。这个诗人从来没有见过这么多名贵的钟表，它们有的能发出美妙的音乐，有的会发出鸟叫声，有的外形像飞禽走兽……

正当他看得入神的时候，老钟表匠从柜子里拿出一个小盒子，打开后取出一块样式非常精美的金壳怀表。这块怀表不但样式精美，而且除了能准确地标明日期外，还能清楚地显示出星象的运行等信息，简直是一块无所不能的“魔表”。

诗人看后爱不释手，他很想拥有这块“魔表”，就开口询问价钱。老钟表匠微笑了一下，只要求用这块“魔表”换下诗人手中的那块普普通通的手表。

诗人当然非常愿意，比起这块“魔表”，自己的手表又算得了什么呢？诗人在得到这块“魔表”之后，珍爱至极，不论是吃饭还是走路，甚至连睡觉时，都会戴着这块表。

可是，过了一段时间之后，诗人渐渐开始对这块表不满意了。他跑到老钟表匠家，告诉老钟表匠希望换回自己原来那块普通的手表。

老钟表匠故作惊讶地问：“你对这块珍贵的怀表还有什么不满意的地方吗？”

诗人如实相告：“尽管它的功能非常多，然而它却不会指示时间。人们戴表本来就是要它指示时间的，我现在戴着它都不知道有什么用。根本就没有人来问我星象的运行，所以这块表对我来说实在没有什么用处，还不如我原来那块普通的手表有用。”

老钟表匠听后，还是微微一笑，把“魔表”放在桌上，意味深长地说：“年轻人，我想告诉你的是：‘你认为好的不一定就适合你，现在你拥有的已经够多了。’”

这时，诗人才恍然大悟，终于明白了老钟表匠的深意。

第十章

拥有好心态，才有好未来

拥有什么样的心态，就有什么样的人生

近年来，人们的生活水平发生了翻天覆地的变化。在 30 多年前的时候，大部分中国人都在温饱线以下苦苦挣扎。而在今天，大部分中国人的生活步入小康水平。但是，不知道你有没有发现，生活虽然是富裕了，可抱怨的人却越来越多。财富增加了，但幸福感在下降；拥有的东西越来越多，但快乐越来越少；沟通的工具越来越多，但深入的交流越来越少；认识的人越来越多，但真诚的朋友越来越少。于是有人慨叹以前多好，家里穷得叮当响，但心情特别好；现在家里几乎什么都不缺，该响的都响，可就是心情不好。

上一代人艰辛工作，期望能够过上今天的生活——想吃什么就能吃到什么，想玩什么就能玩到什么，想到哪儿就能到哪儿……可如今我们虽然几乎什么都拥有了，却不知道什么是幸福了。难道人类果真像美国作家梭罗在《凡尔登湖》中所说的那样“只有简单的生活方式才是我们人类真正需要的”吗？

到底是哪里出了问题呢？一切源于心态，是心态出了大问题。

心态能够决定一个人的命运，能够决定一个人是否幸福、成功。一个人拥有什么样的心态，就会有什么样的人生：积极的心态能够帮助一个人获取幸福、健康、财富和成功，而消极的心态则会毁了一个人的一生。

说心态就要说阳光心态。那阳光是什么呢？阳光就是快乐，阳光就是幸福，阳光就是安详，阳光就是富足。它是人类文明的使者，能够驱除黑暗，照耀四方，给人带来温暖。当然，决定我们幸福与否的并不是我们头上那抹直射的太阳光，而是我们心中那轮永不沉落的太阳，这个太阳就是阳光心态。

心理学家认为，我们人类有十大基本情绪，即兴趣、愉快、惊奇、悲伤、厌恶、嫉妒、愤怒、恐惧、轻蔑、羞愧。其中前两个是正面情绪，而后八个则是负面情绪。由此可见人的负面情绪占着大多数，因此很多人都会在不知不觉中进入到一种不良情绪状态中去。而修炼阳光心态，就是让自己的正面情绪占主导地位，而尽量避免出现或有效控制负面情绪。

阳光心态能够让人产生积极向上的力量，充满喜悦的情怀，每天都生气勃勃的，做事沉着、冷静；而不好的心态则会让人忧愁、悲观、失望、萎靡不振，甚至颓废。当我们遇到挫折时，若能以一种积极的心态去面对它，那么它就是一种资源、一种财富，一切困难就将变得微不足道。反之，我们就会在挫折面前裹足不前，甚至蒙受巨大的心灵创伤，乃至实际损失。

阳光心态是一种积极、主动、乐观、豁达、宽容、知足、感恩的健康心理状态。阳光心态能够带给我们很多优良的品质，如自信、正直、无私、慷慨、忠诚、勇敢、果断、进取、坚定、坚强、博爱、责任、尊重等美好品质。

做任何事情，人们都可以选择用两种心态去面对：一种是阳光心态，即用积极、乐观、豁达、宽容、知足、感恩的心态去面对；一种则是月光心态，即用消极、狭隘、忧愁、悲观、失望的心态去面对。如果你的内心是一团火，就能释放出光和热；而如果你的内心是一块冰，即便化了也还是零度。

拥有阳光心态就会有好心情，有了好心情，我们的命运就会一路阳光。如果你总是用月光心态去做事，那么你的工作和生活就会受到影响，再好的命运也会因为你的心态而成为负担。

不要抱怨周遭，当我们用阳光心态看待这个世界时，世界就会充满阳光，人生就会充满希望！

决定心情好坏的是心境而非环境

据说，伟大的哲学家苏格拉底在还是一个单身汉时，曾经和几个朋友一起挤在一间七八平方米的小屋里生活。这么多人同居一室，不方便是自然的，但他一天到晚总是笑呵呵的。

有人问他："你和那么多人挤在一起，连转个身都很困难，还有什么可高兴的？"

苏格拉底回答说："朋友们住在一块儿，随时都可以交流思想，交流彼此的感情，这难道不是一件很值得高兴的事情吗？"

过了一段时间以后，朋友们一个个都相继成家，最后都搬了出去。小屋子里只剩下了苏格拉底一个人，但是他每天仍然很快乐。

于是，那人又来问苏格拉底："现在别人都搬走了，就剩下你一个人孤孤单单的，你怎么还这么高兴呢？"

苏格拉底回答说："我当然高兴啦，因为我这里有很多书啊！每一本书就相当于一个老师，和这么多的老师住在一起，随时都可以向他们请教，这难道不值得令人高兴吗？"

几年之后，苏格拉底也成了家，搬离了这里，住进了一座楼房。他的家住在这座楼的最底层。最底层在这座楼里的环境是最差的，上面的住户老是往下面泼污水，丢死耗子、臭鞋子、破袜子和乱七八糟的脏东西。苏格拉底仍旧能够自得其乐。

原先的那人又好奇地问："你住在这样的房间里，也会感到高兴吗？"

苏格拉底情不自禁地回答说："是的呀，你不知道住一楼有多么好啊！进门就到家，不用费劲爬楼梯；搬东西也很方便，不必费很大的劲儿；朋友来访容易找，用不着一层楼一层楼地去挨个叩门询问……最让我满意的是，可以在屋前屋后的空地上养一丛一丛的花，种一畦一畦的蔬菜。这么多的乐趣，数也数不完啊！”

之后又过了一年，苏格拉底把他这一层的房间让给了一个朋友。因为这个朋友家中有一位偏瘫的老人，上下楼都很不方便。苏格拉底就搬到了楼房的最高层，可是每天他仍然很快乐。

那人忍不住揶揄地问：“尊敬的苏格拉底先生，住在上面是不是也有许多好处呀？”

苏格拉底回答说：“当然啦，好处可是真不少呢！仅举几例吧：每天都需要上下几次楼梯，这非常有利于身体健康；光线也很好，看书写文章不会伤眼睛；没有人在头顶进行干扰，白天黑夜都有一个非常安静的环境。你说我住这么好的地方，能不高兴吗？”

再到后来，那人遇到了苏格拉底的学生柏拉图，就问他：“你的老师总是那么快乐，可我怎么感觉，他每次所处的环境并没有他说的那么好呀。”

柏拉图回答说：“决定一个人心情好坏的，是他的心境，而不是他所处的环境。”

任何对客观环境的不满和抱怨都是无济于事的，只有以乐观向上的心态去面对，才是解决问题的最佳途径。相同的瓶子，你为什么要选择装毒药呢？同样的内心，你为什么要将烦恼装满其中呢？

以前有一个人前往韩国庆州的一所石窟寺观佛。他站在佛像前看了很长时间，既没有庄严肃穆的感觉，更感觉不到佛的慈悲之相。

当他正在苦思冥想原因的时候，寺中的住持走近对他说道：“这位施主，你应该跪在佛像正前方的位置，这样才能得到他的精神。这不是让你去膜拜，而是佛像的雕塑者是站在求神者的位置进行设想之后才建立的。当你在跪着看的时候，佛下垂的眼睑会让你觉得是俯视的慈悲之相。”

听到这里，那个人就按照住持说的做了。果然如住持所说的那样，艺术品的欣赏要站在某个特定的角度或保持一定的距离才可以获得十足的神韵。在人生和社会中，我们只有站好位置，选取最佳的观察角度，才会发现美丽的所在。

能不能活得很快乐，重要的在于我们是否懂得欣赏自己，是否懂得肯定自己。欣赏事物的角度不同，所得到的感受也就会截然不同，是晴空万里还是乌云密布，全在于我们自己的选择是什么样的。

每一个人都是别人无法取代的绝对存在，都有着自己的特殊价值。每个人都应该学会喜欢自己，善待自己，这样才会让自己更快乐。

学会拿得起，更要放得下

在这个世界上，没有绝对的得，当然也没有绝对的失。也许你会得到一个苹果，却会失去一个梨；也许你会失去一段刻骨铭心的爱情，却会得到一个温馨的家庭。人们常说既要拿得起，也要放得下，但真在付诸行动时，就容易拿得起，难以放得下。所谓能够放得下，就是指遇到非常大的诱惑时能把心理上的重压卸掉的心理状态。

记得有首禅诗吟咏是这样说的：春有百花秋有月，夏有凉风冬有雪。若无闲事挂心头，便是人间好时节。

拿得起是一种勇气，放得下则是一种肚量。用一颗平常心去面对生活，你会有意想不到的收获。

比如说，你爱上了一个女人，而她却并不爱你，你的世界就微缩在对她的感情上了。她的一言一行、举手投足，甚至衣裙细碎的声响，都能够吸引你的注意力，都能成为你快乐和悲伤的源泉。有时，你明知那不是你的，却还想强求。也许是出于盲目自信，也许是相信精诚所至金石为开，尽管你不断地努力，却仍旧饱受挫折，搞得自己苦不堪言。世上有许多事，不是仅靠努力就能实现的，有的要靠缘分，有的则靠机遇，有的只能用来欣赏。无法得到的东西，就要学会舍弃，不是自己的就不要强求。

有一种欧洲金雕，它们筑巢于高山悬崖，用尖利的喙和强壮的爪宣告自己是天空的王者。金雕一窝只能孵两只幼雏。在食物不足的季节，小金雕会挨饿，金雕妈妈也只能眼睁睁地看着孩子饿得嗷嗷叫。每逢此时，两只小金雕会互相挤靠。通常相对弱小的那只就会被挤下山崖摔死。而金雕妈妈又总是容忍这种“兽行”的发生。

作为人是很难理解金雕的，但面对饥饿，金雕必须这样，否则两只小金雕都会饿死。适者生存，是大自然的法则。我们人类也要时不时面对放弃的痛苦吗。

法国哲学家、思想家蒙田曾说：“今天的放弃，正是为了明天的得到。”那么，在世界上，为什么有人活得无比轻松，而有人却活得异常沉重？前者是拿得起、放得下，而后者则是拿得起、放不下。人生最大的包袱不是拿不起，而是难放下。所以人们才常说：要想生活得轻松而幸福，最大的选择就在于能够拿得起、放得下。

诺贝尔奖获得者、华裔科学家杨振宁和崔琦的成功，就在于他们敢于放弃。

杨振宁深受“物理学的本质是一门实验科学，如果没有科学实验，就不会有科学理论”这种观念的影响，于1943年赴美留学，并立志搞一篇实验物理论文。在此期间，由费米教授安排他跟随有着“美国氢弹之父”美称的泰勒博士作理论研究，并成为艾里逊教授手下的6名研究生之一。在实验室工作的近20个月的时间里，艾里逊实验室里的成员都戏称杨振宁是爆破专家：“凡是有爆炸发生的地方，就一定会有杨振宁！”杨振宁不得不承认自己的动手能力比不上其他人。

经过激烈的思想交锋，在泰勒博士的指导下，杨振宁放弃了写实验论文的计划，决定把主攻方向调整到理论物理研究上。从此，杨振宁开始了他的物理界一代杰出理论大师之旅。如果他一条道走到黑，恐怕“杨振宁”三个字至今还不会为人所知。

崔琦，作为1998年诺贝尔奖得主，在很多人眼里简直是“怪人”。他远离政治，从不出头露面，整日埋在书本中和实验室里，甚至在诺贝尔奖桂冠加冕的当天，他还一如既往地去实验室工作。更让人难以置信的是，在美国高科技研究的前沿阵地，崔琦居然是一个地道的电脑盲。他研究中的仪器设计和图表制作，都是靠他一笔一画完成的；如果要发电子邮件，他会请秘书代劳。他的理论就是：这个世界变化太快，我没有时间追赶！崔琦放弃了世人称羡的东西，为他赢得了宝贵的时间，也赢得了诺贝尔奖的桂冠 。

学会舍得，并不意味着就要失去，因为只有舍得才能获得。要想采到一束清新的山花，就要舍去城市的舒适；如果想做一名登山健儿，就需舍去娇嫩白净的皮肤；如果想穿越沙漠，就需舍去咖啡与可乐；要想拥有永远的掌声，就得舍去眼前的浮华。

不妨再来看一则寓言。有位智者带一个年轻人打开了一个神秘的仓库，仓库里装满了奇光异彩的宝贝，每件宝贝上都刻着清晰可辨的字迹，分别是骄傲、正直、爱情、快乐、名、利……

年轻人看到这些宝贝那么漂亮、迷人，于是就见一件爱一件拿一件，直到口袋里装满了这些宝贝。

在回家的路上，他才意识到，装满宝贝的口袋如此沉重。没走出几步，便感觉气喘吁吁，两腿再也无法挪动一步。

“年轻人，我看还是丢掉一些吧，后面的路还长着呢！”智者说。

此时，年轻人在口袋里翻来翻去，不得不咬咬牙扔掉两件宝贝。可是，口袋依然太沉，年轻人不得不一次次停下来，一次又一次咬牙丢掉一两件宝贝。

就这样，“痛苦”被丢掉了，“骄傲”被丢掉了，“烦恼”也被丢掉了……口袋的重量虽然减轻了很多，但年轻人还是感觉很重，双腿像灌了铅一样难受。

“年轻人，”智者再一次劝道，“你再翻翻口袋，看还有什么可以丢掉的。”

沉重的“名”和“利”也被年轻人翻出来丢掉了，口袋里只剩下了“谦虚”、“正直”、“快乐”、“爱情”……这下子，他感到一种说不出的轻松和快乐。

可是，在他们走到离家只有 100 米的时候，年轻人再一次感到了疲惫，前所未有的疲惫让他无力再走下去。

“年轻人，你看还有什么能够丢掉的。现在离家仅有100米了，等回家恢复体力后，你还能取回来。”智者这样对他说。

年轻人经过认真思索后，拿出“爱情”恋恋不舍地放在了路边。

回到家后，年轻人并没有想象中的那样高兴，他在想着那个让他恋恋不舍的“爱情”。

智者对他说：“爱情虽然能够给你带来幸福和快乐，可是，它有时也能够成为你的负担。等你体力恢复了还可以把它取回，是不是?”

等到第二天，小伙子恢复了体力，循着昨天的路拿回了“爱情”。他高兴极了，他欢呼雀跃起来，并感到了无比的幸福和快乐。此时，智者走过来触摸着他的头，说：“我的孩子，你终于学会了放弃是什么!”

有这样一句格言：举得起放得下的是举重，举得起放不下的叫作负重。为了前面的掌声和鲜花，我们必须要学会放弃。放弃以后，我们才会发现原来人生之路竟然会变得如此愉快和轻松。

漫漫人生路，只有学会放弃，才能轻装上阵，才能有所收获。放弃，是一种超凡的大境界。

其实，我们每个人都有许多“宝贝”，但不可能全部都得到，在某些时候要学会拿得起放得下。拿得起就是勇气，放得下则是肚量；拿得起就是可贵，放得下则是超脱。如果说人生最大的成就是拿得起，那么生命最大的安慰是放得下。

好心情决定好未来

既然我们生活在这个世界上，就要让每一天都活得有声有色。所以我们必须要调整好自己的心情，因为在生活中人不可能一点儿不愉快的事都没有，但只要你能够正确面对，烦恼自然会远离你。

有个叫乔治的人，已经结婚18年了，在这段岁月里，每天从早上起来到要上班的时间里，他都很少对自己的太太微笑，更别提对她说上几句话了。一句话，乔治的心情一直很差，几乎毫无快乐可言。

乔治为了让自己快乐起来，就去参加了一个培训班。老师要求他准备以《微笑的经验》为题发表一段谈话。他决定先体验一周的微笑感受，看看效果如何。

于是，乔治在准备去上班的时候，会提醒自己让心情好起来，并强迫自己改变过去的形象，用显得心情很好的样子对大楼的电梯管理人员微笑着说一声“早安”；他会面带微笑跟大楼门口的警卫打招呼；同时他也对地铁的检票小姐微笑；甚至当他站在交易所时，他还用微笑面对那些以前从没有见过自己微笑的人。

就这样，乔治很快就发现一个现象，当他用微笑面对别人时，每一个人也会对他报以同样的微笑。他以一种愉快的心情，去对待那些满腹牢骚的人。他一面听着他们发牢骚，一面让自己保持微笑，于是问题很轻易就解决了。

另外，乔治惊奇地发现，微笑还能给自己带来更多的收入，这让他感觉自己的心情越来越愉快。“生活原来是这么的美好啊！原来每一天我们都是可以如此快乐的！”他很感慨地告诉自己的妻子。

值得一提的，还有一件事。一直以来，乔治都跟另一位经纪人合用一间办公室工作，对方是位很讨人喜欢的年轻人。乔治兴奋地告诉那位年轻人自己最近在心情方面的体会和收获，并说自己为这样的发现而感到非常高兴。那位年轻人也承认说：“当我最初跟您共用这间办公室的时候，我认为您是一个经常闷闷不乐、心情非常糟糕的人。直到最近一段时间，我才改变对您的看法。每当您微笑的时候，您给人的形象是那么的慈祥与温和。”

是的，我们的心情会直接改变我们的形象，有了好的心情，我们就会多一点儿微笑，而我们的笑容就是我们善意的信使。我们的笑容能够照亮所有看到它的人。对那些整天都皱着眉头、满面愁容、熟视无睹的人来说，我们的笑容就如同穿过乌云的太阳；尤其对那些经常承受上司、客户、老师、父母或子女的压力的人而言，一个微笑就能帮助他们了解到一切都是充满希望的，也就是说，他们会明白这个世界是充满欢乐的。与此同时，因为我们的付出，好心情还能为我们赢得事业、尊重、友谊、爱情，赢得我们想象中的一切美好的未来。

生活在这个世界上的每一个人，都希望能够过上幸福美满的生活，希望自己能够有一个美好的未来，能够受到别人的关注。每当我们抱怨为什么自己失败多于成功的时候，不妨认真地反思一下，我们的心情是不是影响着这一切，我们的情绪是好的时候多还是坏的时候多。也许真正的答案，就在其中。

为人不可太自负

一个从名牌大学毕业的姑娘，想找个如意的男朋友。当然，这合情合理。本来嘛，姑娘年轻、漂亮、工作好，家庭条件也不错，自己还是名牌大学毕业的研究生。但是姑娘的标准实在是太挑剔了，她希望未来的男朋友首先要有钱，然后还得英俊、潇洒、性格温和，学历还得比她高，最好是个“海归”，年纪还不能太大。

说来也怪，姑娘身边从来不乏追求者。别的姑娘求之不得的男人，她却不屑一顾，张三有钱，可是太老了；李四帅气，可是没钱；王五英俊有钱，但只是个初中学历，两人结婚哪有共同语言啊……于是，姑娘挑来挑去，没有一个中意的。说实话，初入社会的小伙子，羽翼未丰，有几个有钱的呢？

转眼姑娘已经二十七八岁了，当初的追求者不是有女朋友，就是结婚了，一天比一天少了。尽管还有些追求者，但是条件已经明显不如以前了。姑娘心想：“就凭我这么好的条件，哪儿能跟他们啊。我以前拒绝的人比他们强多了！反正中国男的比女的多，别以为我整天惦记结婚，现在过得也挺好。我白天玩得快活，夜里睡得安稳。”

一晃又两年过去了，姑娘的追求者没了。而姑娘的青春年华已逝。她百无聊赖，细数过去的女友，她们结婚并有孩子了，唯独她一人独守空房。姑娘照照镜子，不禁伤感，细纹已经开始爬上她的眼角。她好不容易看上一个中年事业有成者，可人家想找个年轻的女大学生，把她拒绝了。

高傲的姑娘已没有了傲气，理智命令她赶快嫁人，再也不要挑剔。恰好有个人向她提亲，她立即应允，并为此感到高兴，尽管新郎有点儿残疾。

这样的例子已经屡见不鲜了，这也是为什么很多人三四十岁依然没有结婚的主要原因。挑来挑去，总想找个更好的，到头来才发现，好的已经让别人挑走了。可见，“自负”伤害的最终还是自己。

“文人相轻”这个词，在字典上的解释为文人之间互相看不起。因为文字的东西与竞技比赛不同，也不像实打实的工程技术、电子应用开发。自古“文无第一，武无第二”，每个人都觉得自己的文章写得最好，多一个字累赘，少一个字则意思不通，谁的意见也听不进去。

于是，文字工作者也就渐渐陷入了“自负情结”中。同样的选题，只有自己做得最好，别人做的都是狗屁不通。浏览网页，点击的也是自己的稿子，关心的是自己的点击率；对别人的稿子，一翻而过，停留的时间超不过1分钟，除非是什么重大的猛料，或者恰好是自己关心的新闻。

有个记者看到了一篇报道，是介绍俄罗斯的一位国际象棋选手。报道说：“某某不仅是世界冠军，也是全国冠军。”他心里暗想：写这篇文章的作者水平也太那个点儿了吧，编辑的水平也不敢恭维，连这种本末倒置的错误都能犯。

后来他自己想做个关于国际象棋的专栏报道，于是联系了一位权威专家，交谈中也说起了那份报纸的失误。谁知专家却哈哈大笑，说，在俄罗斯，国际象棋的普及就像中国的乒乓球、跳水这些项目，虽说是国内比赛，却是世界一流运动员云集，拿个冠军很不容易。而国际比赛，往往对选手的数量有严格限制，反而水平有些降低。

那个报纸之所以能写出那样一篇报道，一定是经过研究，字字斟酌后才发表出来的。记者心中不禁暗自庆幸，幸好采访了专家，不然自己写文章发表出去，闹出笑话可就难堪了。

其实，一无所有的人不会自负，因为他了解自己；学问很深的人，也不会自负；算来算去，最容易自负的，大多是些“一瓶子不满，半瓶子晃荡”的人。

不要活得太骄傲，连太阳都有黑子，你怎么可能没缺点呢？何况，也没人希望你是个十全十美的天使，只要你更负责任、更谦虚、更平易近人就可以了。而你也应该虚心地接受别人的意见，只要别人说得对，就应该高兴地接受，认真地改正，时刻刺激自己、鞭策自己，使自己清醒地意识到短处和丑陋的可耻，从而下决心纠正或抛弃它。只有这样，我们才能不断完善自己、超越自己。

停下毫无意义的自责

毫无意义的自责，只会强调你所没有的，也会有失偏颇地忽略你所拥有的。既然有那么多人乐意批评你，根本不用你自己去费劲，为什么还要用你的声音加入他们的合唱声中呢？

对一个正常人来说，发生不幸，或者做了错事，自责是必然的事。可是我们要知道，“人非圣贤，孰能无过”，知错能改，善莫大焉。短暂的痛苦是智者的表现，一味的自责则是愚人的行为。

假如你遇到不幸可以痛苦三天：第一天，由于事情发生得突然，你没有一点儿思想准备，肯定是会痛苦的；第二天，你要冷静分析所发生的事情，从中吸取经验教训，思考以后的路应该怎样走；第三天，就要调整心态，忘掉过去，放下包袱，轻装上路。这才不失为一种摆脱痛苦的好办法。

有个叫马宾的年轻人，向来对自己要求苛刻，也同样苛刻地要求他的朋友。其实，马宾是一个很聪明的人，对人也很热情，比较喜欢交朋友。可以这样说，他根本无法忍受没有朋友的那种孤寂感。

但是，他又不允许朋友身上存在任何缺点与毛病，甚至不允许存在和他不一样的个性或为人处世的方法。一些人能同他保持一段时间的友谊，只好时时刻刻压抑着自己。然而，压抑自己是一种十分痛苦的事，谁也不能坚持长久。于是，马宾就一边热情地结交新朋友，一边在挑剔中淘汰或失去老朋友。时间一长，他连一个朋友也没有了。马宾就在痛苦中自责，但他始终不明白自己到底错在哪儿了。

还有一个叫张明的年轻人，无论在仪容仪表、举止言谈、家庭条件上，还是事业发展上，在很多女士心目中都是十分优秀的，甚至可以说是无可挑剔的。然而，在婚姻问题上，张明从来就没有成功过。他的第一位妻子，因为懒惰被他逐出家门；第二位妻子，因为过于自私、贪图小便宜，也被他逐出家门；第三位妻子，因为过于奢侈和喜欢游乐，又被他逐出了家门。好心的朋友为他做媒。张明接近的第四位女士却说“这人有病”，连他家的门也不进了。张明对自己的状况感到困惑不已。

你的情况或经历若与上述两人相似，就应该认真对待了。

你不妨先拿出一张纸，把所有缠扰你的往事都记下来。写完以后，再问问自己，你有没有决心把这些往事都忘掉？究竟要怎么样，你才能够忘记它们？你认为自己应该永远受它们的干扰吗？你不能多做些有益的事，来赶走这些有毒的回忆吗？为什么他人可以把不愉快的往事淡忘，而你却做不到？

自己做了错事，或者失败了，其实并不需要自责，而是应该设法弥补。无法弥补的事情，那就不妨将其抛在一边，再也不要去管它。你可以向内心的自己表明心意，说明你已经知错，以后决不再犯。只要你真心真意，真止地超越错误，一切众生都会听你忏悔，原谅你，帮助你成长起来。

宽恕别人同样重要，有人伤害我们，他一定会内疚、悔恨，但绝不可再思报复之事。切记：冤冤相报，永无了时。况且，报复只会加深伤痕的痛苦，远不如以大慈大悲的心肠去宽恕别人。

不要让攀比夺去了幸福

我们每一个人都各有长短，各有优势和不足。因此，总是盲目地和别人攀比的行为是愚蠢的，也是不可取的。因为盲目的比较于己没有任何意义，最后还有可能让自己怒火中烧，心态变得不平衡。威廉·福克纳说过："不要费尽心思去和你的同僚比较，你应当在乎的是，你要比现在的你强。"与其劳神费心地去跟别人攀比，不如把握好自己，正确看待自己，这样才能珍惜自己所拥有的一切。

有这样一个女人，长得美丽而文静，她说话的速度总是慢慢的，声音小小的，可是却很能说到人的心坎儿里去，似乎她总能轻易地洞察一切。

她的工作业绩说不上骄人，然而却也无可挑剔；她嫁了一个极为普通的人，日子过得波澜不惊，可是她却很知足；她从不强迫自己的孩子空闲时间学这学那；她的生活单调而有规律，她却很坦然。她从不妒忌那些荣誉加身的同事，也不鄙视那些不小心犯了错误的同事，只是对一些势利小人冷眼看待，但是也并不针锋相对，她认为这样的人不会拥有好的心态，结局也不会好。她心明如镜，绝顶聪明，和周围那些拼尽全力却生活得不尽如人意的人相比较，她的人生要精彩得多。很多人认为她可以生活得更好，可她并没有那样做。

有人问她为什么会有如此好的心态时，她说是她父亲的一句话奠定了她人生的基调。在她读初中的时候，体质很差，没有办法参加任何体育活动，学习上她又十分要强，偶尔有一门功课没拿到第一就会难过、自责。

父亲对她说："以你的条件，你没必要追求优秀，但你能够做到良好。"父亲这句话给了她很大的启发，于是她不再刻意地去追求、比较，轻松地将每门功课都保持在良好范围，同时她的体质也达到了良好的状态。

高考时她给自己的定位是考取一所普通大学，因为没什么压力反而发挥得更好，结果轻松地考取了重点大学。

毕业的时候她没有非大城市、高薪单位不去，而是选择了一个中等城市的专业对口单位，因为她只希望离父母近一点儿，可以照顾他们。她将自己的经历娓娓道来，就如同她不焦不躁地构建她的良好人生一样。

或许良好人生并不是小说家和剧作家所感兴趣的，他们所感兴趣的创作素材是美好中却带着不如意的：事业有成却家庭破碎，辉煌的背后却隐藏着堕落，幸福来临时却遭遇死神，有一项出色就总有一项很差，等等。

而在生活和工作中也确实是这样的，倘若一个人在某个方面特别出色，那么他人生的另一个重要方面，缺憾也往往非常大。或者是，正因为有无法弥补的缺憾，才会奋力地去追求卓越。

这样看来，良好其实已经是人生的最高境界了。当某个人的事业、爱情、品格、心境乃至身体素质都能达到良好时，又有谁能说他的人生不够出色呢？

米兰·昆德拉有一本书叫《生活在别处》。的确，现实中有很多人的生活总是在远方，他们总在想：假如明天我有钱了，我就能够……

然而，当我们现在赚钱少时觉得不快乐，赚钱多时未必就会感觉到快乐；当我们独自一人时不会自得其乐，即便有人陪伴时一样不会快乐，甚至会让别人也感觉到不快乐；假如我们现在不懂得享受生活，将来也不一定会享受生活……

不管我们多优秀，总能找出一个比你更优秀的人来；不管我们多富有，总有人比我们更富有……既然如此，在纷繁复杂的人世中，又何必去和别人攀比什么，把握自己、相信自己才是人生重要的事情。

学会平衡自己的心理

人的一生，就如一趟旅行，沿途总有数不尽的坎坷泥泞，但也有看不尽的春花秋月。假如我们的一颗心总是被灰暗的尘土所覆盖，干枯了心泉，黯然了目光，失去了生机甚至丧失了斗志，我们的人生轨迹岂能美好？而假如我们打开心窗，保持一种积极向上的心态，无论是我们身处逆境，还是身陷绝境，也一定能够看到窗外的美景。

来看一个让人伤感的故事。

有两位重病病人，住在同一家大医院的小病房里。房间很小，只有一扇窗户可以看到外面的世界。其中一位病人的床挨着窗，他每天下午能够在床上坐一个小时。另一个人，则终日都得躺在靠里的一边。

病床靠窗的病人，每次坐起来的时候，都会将窗外的景致描绘给另一个人听。从窗口可以看见公园的湖，湖中有鸭子和天鹅，孩子们在那儿撒面包屑、放模型小船，年轻的恋人在树下牵手散步，在鲜花怒放、绿草如茵的地方人们玩球嬉闹，后头一排树顶上则是美丽的蓝天。

那个人倾听着，享受着每一秒钟。他听到一个孩子差点儿跌到湖里，一个漂亮的女孩穿着美丽的夏装……朋友的诉说几乎让他感觉到自己亲眼目睹了外面发生的所有事情。

在一个天气晴朗的午后，他心里想：为什么睡在窗边的人能有独享外边美景的权利呢？为什么我就没有这样的机会呢？他感觉不是滋味，他越是这样想，就越想换位置。我一定要他换一换才行！他想。

这天深夜，他盯着天花板在想自己的心事。另一位病人突然病重，他拼命地咳嗽，一直想用手按铃让护士进来。

但这个人只是旁观而不帮忙——他感到同伴的呼吸慢慢停止了。

次日早上，当护士过来查房时，那位靠窗的病人已经死了，人们静静地抬走了他的尸体。

一段时间过后，这人问护士，他是不是能换到靠窗户的那张床。

当然可以。护士搬着他，把他换到了那张靠窗的床上，他感觉十分满意。

当人们走后，他用肘部撑起自己，吃力地往窗外看去……

出现在他的视野里的，是一堵空白的墙。

假如这个人不起恶念，在晚上按铃帮助那个人，他还能够听到美妙的窗外故事。然而现在一切都晚了，他看到了什么呢？不仅是自己心灵的丑陋，还有窗外的一堵白墙。几天以后，他在自责和忧郁中离开了人世。

在和人交往的时候，一定要把你的心窗打开，千万不要吝啬心中的爱，因为只有爱人者才能够被爱。只有爱才能够赢得爱，自私、贪婪，一切虚妄的丑陋所能带来的都是灵魂的空虚和阴暗。

只有心存美的意象，才能看见窗外的美景。命运对每一个人其实都是很公平的，窗外有尘土也有星星，就看你能不能磨砺一颗美好的心、一双智慧的眼，透过岁月的风尘，寻觅属于自己的辉煌灿烂。

将自己的心态摆正，就能在一个愉悦轻松的环境中生活和工作，就会感觉到每天都会阳光灿烂，从而能完全地享受人生，放松身心。

现实生活中有诸多的不如意，若一味地盲目和别人比，就会造成心理失衡，而不平衡的心理就会使人处于一种极度不安的焦躁、矛盾和激愤之中，使人牢骚不断，甚至不思上进；表现在工作中就是得过且过，更有甚者还会铤而走险，引火烧身。所以，我们一定要保持心理平衡。

那么，该如何保持心理平衡呢？以下是走出心理失衡误区的几点建议。

一是要树立自信。自信是心态平衡的基础。如果感到某方面不如别人，应坚信自己是有才能的，只不过是低估了自己的长处或没将长处发挥出来罢了。但是，自信的前提是自己的确有发光点。因此，一定要在平时练好基本功。

二是要学会自我发泄。你有权利发火，怒而不宣会摧毁机体的正常功能，导致体内毒素滋长，使人变得抑郁和消沉。适当的发泄能够排除内心怒气，重新燃起生活的勇气。发泄的方法非常多，你可以向朋友和家人倾诉，也可以在独处时怒吼，还可以对着沙袋打上几下出出气。比如有人就在自己办公室里放了一盆沙子，愤怒时就用力去搓沙子，这样既不害人也不害己，不失为一个发泄的好办法。

三是要寻找一个宁静的港湾。生活中需要一个能让自己“充电”和休养的港湾。无聊时可以去“充电”，烦恼时可以去放松，就像一只远航归来的船只一样，在这宁静的港口及时进行休整。这个港湾可以是一间满是花香的“闺房”，可以是一个学习提高的培训班，也可以是一次独来独往外出游玩。

四是要保持心底无私。只有你自己才能主宰自己的命运。你一定要树立自己的世界观和人生观，经常思考和检查自己的所作所为，做到自省、自重、自警和自励。心底无私才能天地宽广，只要做好自己就是一种最大的胜利，就能获得最大的慰藉。

用理智控制自己的不良情绪

伟大的思想家孟子曾说：“骤然临之而不惊，无故加之而不怒，此之谓大丈夫。”一个人若能制怒，不但是有修养的体现，而且也是人生存和发展必不可少的能力。没有人喜欢结交动不动就发火的朋友，更没有人愿意和这样的人相处。因为怒火中烧，结果既伤人又伤己。

著名作家列夫·托尔斯泰曾说过：“愤怒使别人遭殃，但受害最大的却是自己。”一旦处于愤怒之中，人就会失去理智，大脑被愤怒的情绪所扰乱，此时最容易判断失误，犯错误的概率就会大大增加，从而做出很多错事、蠢事来。

许多人都知道拿破仑惊心动魄的作战故事，可是却很少有人知道他最终失势的过程。这位战功赫赫的将军，在面对强敌时总能激起无穷的斗志；可是面对深奥的处世哲学时，却经常沉不住气，最终断送了自己辉煌的战果，让毕生的所有努力都化为云烟。

在拿破仑得胜的时候，其实也有很多人反对他，其中一位就是外交大臣塔里兰。拿破仑为了查明真相，派出了很多间谍，结果证实塔里兰确实从事着秘密活动。为此，拿破仑专程从西班牙赶回法国。

抵达巴黎后，拿破仑立刻召集了所有的大臣。这时他表现得异常慌乱和不安，含沙射影地指责塔里兰的密谋计划。此时的塔里兰却表现得异常镇静，他对拿破仑的言论不作任何反应，只装作一无所知的样子在倾听。

塔里兰的这种表现，激起了拿破仑的愤怒。当着众臣的面，拿破仑逼近塔里兰说：“我知道有人希望我死掉！”塔里兰不动声色、满脸疑惑地看着他，表现出一无所知的无辜样子。此时的拿破仑已经达到了忍耐的极限，当着群臣的面，他怒斥塔里兰的罪行，他用最难听的语言咒骂塔里兰。愤怒让拿破仑失去了理智，最终他愤然离开了。

在拿破仑离开后，塔里兰泰然自若地对其他大臣说道：“我觉得今天真是遗憾，各位绅士，这样一位伟大的人物，居然会做出如此没有礼貌的事情。”

拿破仑的失态与塔里兰的镇静，形成了强烈的对比。此次事件很快就传播开来，拿破仑在人们心目中的美好形象受到了影响，不少人开始怀疑这位伟大的军事家。

也许是塔里兰有意激起拿破仑的怒气，目的就是想让拿破仑失控。因为他不能掌控自己的情绪，也就失去了掌控别人的能力。支持拿破仑的人变少了，他的焦躁和不安让人们开始怀疑他的掌控能力，他渐渐地失去了主宰大局的权力。

其实，拿破仑本来是处于主动地位的，然而他却用对手的一个“错误”让自己犯了更大的错误，完全让坏的情绪主导自己，结果导致自己失去了众人的信任。

生气是一种不成熟的表现，古人曾言：“不能怒的人是愚人，不发怒的才是聪明人。”因此，我们要学会制怒，因为人与人交往中需要时刻保持大脑冷静，用理智控制自己的不良情绪。

除此之外，我们还要学会发泄不良情绪，将心里的怒火和怨气一并释放出来，使心境变得更恬静、轻松和愉快。

生活中，我们难免会遇到一些喜欢对别人冷嘲热讽或者进行不公正批评的人。著名大文豪歌德就碰到过这种人。有一段时间，一位批评家把歌德的作品贬得一文不值。面对如此激烈的批判，歌德的很多朋友都为此愤愤不平，而他本人却从未说过什么。一天，歌德在魏玛公园散步，不料，在一条只能通过一人的狭窄过道上遇到了那位偏激的批评家。他们面对面站着，那位批评家非常傲慢，把头一昂，十分不屑地说：“对一个傻子，我决不让步！”歌德笑着说：“我正好相反。”然后站在了一旁。

正是歌德的幽默之举，避免了一场无谓的争吵，也消除了自己的恼怒。从某种意义上来讲，他的幽默既为自己摆脱了尴尬的局面，又显示出他的心胸和气量。而假如他与那位批评家斤斤计较，那么就是拿别人的错误来惩罚自己，这会让自己更加不愉快。

很多时候，我们还不至于因为血海深仇而痛恨某个人，却常常会因为一点儿小事而抱怨、苛责他人。有人以为，只要自己不原谅对方，就能让对方得到一些教训，也就是说“只要我不原谅你，你就没有好日子过”。其实，这种想法是不对的。斤斤计较，不肯放下对别人的怨恨，最终倒霉的还是你自己，因为你会感觉有一肚子的窝囊气，甚至连觉也睡不好，饭也吃不下。

而学会宽容别人，则是一种美德，它可以使我们与别人相处融洽。宽容的人，心胸宽广，能用一种更积极、乐观的态度和豁达的胸襟，去看待周遭的一切。假如你宽容地看待他人，相信一定会获得意想不到的好处。当你帮别人开启一扇窗的时候，你自己也会看到更为完整的星空。

潮落以后会潮涨，冬天过后是春天

有着积极心态的人，总是在遭遇困难、厄运或危机时告诉自己："既然冬天已经来到，那么春天也就不会远了。"困难、厄运或危机就像是生命中的寒冬，只要能够挺过去，就能够练成耐寒的个性，更加重要的是能够迎来春暖花开的美好季节。

正如一首歌里唱的那样："阳光总在风雨后，请相信有彩虹。"寒冬过后永远都是春天，假如我们目前正在经历寒冬，就预示着不久的将来我们就会迎来暖春。

肯德基快餐的创始人哈兰·山德士，可谓是大器晚成的一个典型，直到他 88 岁时，才走上事业的巅峰。

宠辱不惊，看庭前花开花落；去留无意，望天空云卷云舒。我们应当学会用平常心去看待周围的一切，坦然接受困难和失败。因为只要不停下前进的步伐，黎明终将来到。

身陷逆境，不免会羡慕别人的顺风顺水，就像在冬天，我们往往会渴望春天的到来一样。假如我们的眼睛与心灵没有在萧瑟的季节里干枯过，又如何会对百花争艳的风景有如此强烈的感受呢？

在人生的道路上，摔倒了，并不意味着你就失败了，也不能说明你的价值削减了，只要你继续奋斗，你的价值就会涨起来。跌倒了，勇敢地站起来，你会品尝到克服困难的愉悦；遇到障碍了，勇敢地跨过去，你的价值就会又一次获得提升。

心态的调整其实就是自己人生方向的调整。人生变化无常，总会有浮浮沉沉，潮起潮落。潮落时不要悲伤，静心等待，努力争取，就会迎来人生的又一个高潮。

溪水要历经百折千回，流过山川、平原、曲折小路、幽幽峡谷，才能最终流入大海；只有流遍了高山与盆地的起起伏伏，才能最终拥抱海洋。或许昨晚，一场大风暴似乎要将整个人间毁灭，可第二天早上醒来，你却会看到一个更为绚丽的世界。再澎湃的海浪也终将退去，再寒冷的冬天也终有结束的一天。一切都只是瞬息，一切都将过去；而那过去了的，也将会变得更加和蔼可亲。

图书在版编目（CIP）数据

且行且珍惜 / 唐华山编著 . —北京：中国社会出版社，2014. 7
ISBN 978 - 7 - 5087 - 4776 - 7

Ⅰ. ①且… Ⅱ. ①唐… Ⅲ. ①人生哲学—通俗读物
Ⅳ. ①B821 - 49

中国版本图书馆 CIP 数据核字（2014）第 130443 号

书　　名：且行且珍惜
编　　著：唐华山
责任编辑：张友华

出版发行：中国社会出版社　邮政编码：100032
通联方法：北京市西城区二龙路甲 33 号新龙大厦
电话：编辑部：（010）66032739
邮购部：（010）66026804
网　　址：www. shcbs. com. cn
经　　销：各地新华书店

印刷装订：保定彩虹印刷有限公司
开　　本：160mm × 230mm　1/16
印　　张：14. 5
字　　数：180 千字
版　　次：2014 年 8 月第 1 版
印　　次：2014 年 8 月第 1 次印刷
定　　价：29. 00 元